U0040133

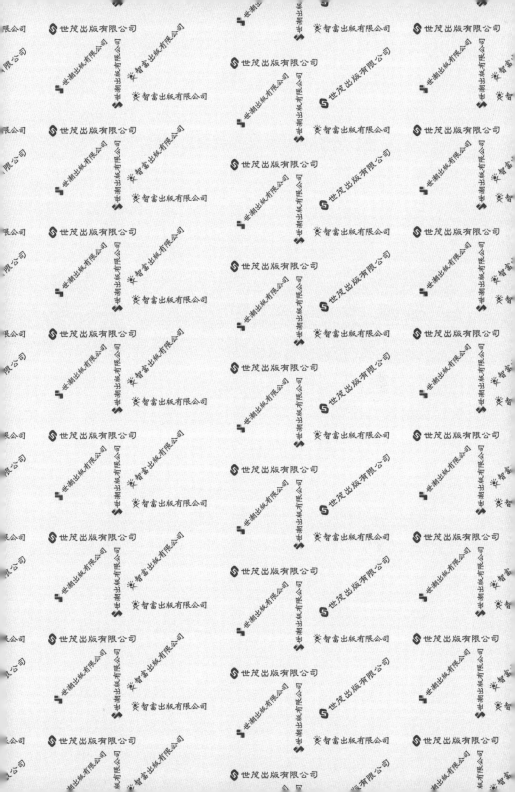

数学
ガールの
秘密ノート
————
ビットとバイナリー

數 ＝ 學 ＝ （女 × 孩）

秘密筆記

位元與二元

日本數學會出版貢獻獎得主
**結城浩** 著

前師範大數學系教授兼主任
**洪萬生** 審訂

**陳朕疆** 譯

# 給讀者

　　本書記錄了由梨、蒂蒂、麗莎、米爾迦與「我」展開的數學雜談。

　　請仔細傾聽她們的一字一句。即使不明白她們在討論些什麼，或者不瞭解算式的意義，不妨先擱置這些疑問，繼續閱讀下去。

　　如此一來，您將在不知不覺中成為數學雜談的一員。

# 登場人物介紹

「我」

　　高中生，本書的敘事者。

　　喜歡數學，尤其是數學公式。

由梨

　　國中生，「我」的表妹。

　　綁著栗色馬尾，喜歡邏輯。

蒂蒂

　　全名為蒂德拉，「我」的學妹。高中生，充滿活力的「元氣少女」。

　　短髮，閃亮亮的大眼是一大魅力。

麗莎

　　「我」的學妹。沉默的「電腦少女」。

　　有著一頭紅髮的高中生。

米爾迦

　　高中生，「我」的同班同學，對數學總是能侃侃而談的「數學才女」。

　　黑色長髮，戴著金屬框眼鏡。

C  O  N  T  E  N  T  S

# 序章

幫母親捶捶肩吧。
叩咚叩咚叩咚咚⋯⋯

來玩黑白棋吧。
黑 白 黑 白 黑 白 白⋯⋯

讓你看個密技吧。
↑ ↓ ↑ ↓ ↑ ↓ ↓⋯⋯

傳個訊息給你吧。
1 0 1 0 1 0 0⋯

只有兩種模式，可以表現出什麼呢？
只要有兩種模式，就能表現出任何事物。

只有你我兩人，又做得了什麼呢？
只要有你我兩人，就能做到任何事。

不管想做什麼──都做得到。

---

序章第二行改編自西條八十的童謠「捶肩」。

第 1 章

# 用手指表示位元

「是在數數字，還是在數手指呢？」

## 1.1 用單手數到 31

由梨：「我說哥哥啊！你可以用一隻手數到 31 嗎？」

我：「為什麼突然這麼問呢？」

我是高中生，由梨是我的表妹，還是個國中生。

我們從小就常在一起玩，她總叫我「哥哥」。

今天學校放假，她和平常一樣來我的房間找我，玩玩遊戲、讀讀書之類的……

由梨：「這本書有講到『用一隻手數到 31 的方法』耶。哥哥你會嗎？」

我把視線轉向她現在正在看的書。

我：「啊，妳是說用二進位法來數數字的方法吧。」

由梨：「用二進位法來數數字……哥哥你知道怎麼數嗎？」

我：「會啊，因為我有練習過。」

由梨：「數給我看！」

我：「把拇指彎起來，這就是 1。」

1

由梨：「嗯，沒錯。」

　　由梨看了看我的手，與書中的圖比較後這麼回答。

我：「把拇指張開，再把食指彎下去，這就是 2 了對吧。」

2

由梨：「沒錯，那 3 呢？」

我：「3 就是這樣吧？把拇指再彎起來。」

3

由梨：「沒錯！沒錯！」

我：「4 的話則是把中指彎起來，其他張開……是說手指有點
　　痛耶！」

4

　　我照著順序，將 1 到 31 分別用單手比出來。

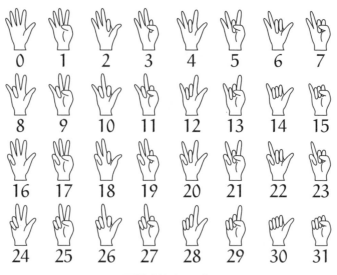

**用單手比出 1 到 31**

由梨：「哥哥好厲害！」

我：「不過感覺手指快抽筋了呢。特別是比出 4、8，還有 21 的時候。」

由梨：「沒想到真的可以用單手數到 31，很厲害嘛！」

　　由梨一邊說著，一邊比出 V 字手勢。嗯，這是 25 對吧。

我：「如果用一般的手勢來比數字，就只能比到 10 而已囉。」

由梨：「不過還真虧你可以把這些數字的手勢都背下來耶喵……」

　　由梨發出貓語表示佩服。

我：「我不是用背的喔。」

由梨：「咦？」

我：「我並沒有背下每個數字的手勢喔。只是按照順序陸續加 1 上去而已。只要注意進位時不要出錯，由梨也能馬上學會喔。」

由梨：「真的嗎？我也想學！」

我：「由梨應該已經學過二進位法了吧？」

由梨：「有學過嗎？」

我：「我們在討論『猜數字魔術』的時候就有講過二進位法了吧*1。」

由梨：「啊，對耶。不過我已經忘了。」

我：「這樣啊，那我們就照著順序一步一步說明吧。」

由梨：「嗯！」

於是，我們的「數學雜談」開始了。

---

## 1.2　扳手指的方法

我：「一隻手有五根手指對吧。」

由梨：「是啊。嘎喔！」

由梨學起了野獸的樣子，擺出了威嚇我的樣子。

我：「我們可以用這五根手指的彎起或張開來表示一個數。每一根手指都有『舉起』和『放下』這兩種可能狀態。」

---

*1參考《數學女孩秘密筆記：整數篇》。

由梨：「也就是手指有『張開』和『彎曲』兩種狀態對吧。」

我：「沒錯。舉例來說，小指有舉起和放下兩種狀態。在小指
　　　為不同狀態時，無名指也可能分別是舉起或放下⋯⋯依此
　　　類推。」

- 小指有舉起和放下兩種狀態。
- 無名指有舉起和放下兩種狀態。
- 中指有舉起和放下兩種狀態。
- 食指有舉起和放下兩種狀態。
- 拇指有舉起和放下兩種狀態。

由梨：「我知道！

$$\underbrace{2}_{\text{小指}} \times \underbrace{2}_{\text{無名指}} \times \underbrace{2}_{\text{中指}} \times \underbrace{2}_{\text{食指}} \times \underbrace{2}_{\text{拇指}} = 32$$

所以全部共有 32 種可能！」

我：「沒錯。手指有五根，每根手指都有舉起或放下兩種狀態。
　　　計算 2 的 5 次方，可以知道所有手指的舉起或放下狀態共
　　　有 32 種。因為有 32 種，所以可以用來表示 32 個數。」

$$\underbrace{2 \times 2 \times 2 \times 2 \times 2}_{\text{有 5 個 2}} = 2^5 = 32$$

由梨：「咦？不是 31 是 32 嗎？」

我：「1, 2, 3, ⋯, 31，還有 0 喔。」

由梨：「啊，真的耶，差點忘了 0。」

我：「接著，將一根手指的舉起與放下分別對應到 0 和 1。也就是說，

- 手指舉起 ←----→ 0
- 手指放下 ←----→ 1

這麼一來，我們就可以用五位數的 0 與 1 來表示五根手指的舉起或放下了。」

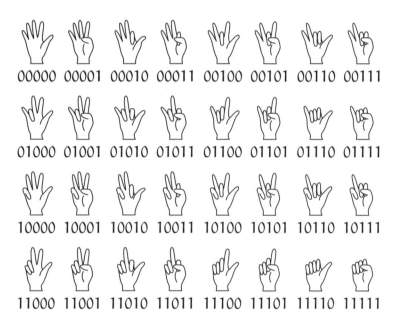

00000 00001 00010 00011 00100 00101 00110 00111

01000 01001 01010 01011 01100 01101 01110 01111

10000 10001 10010 10011 10100 10101 10110 10111

11000 11001 11010 11011 11100 11101 11110 11111

**五位數的 0 與 1 對應到五根手指的舉起或放下**

由梨：「嗯嗯。0 和 1 啊……」

我：「譬如說，這就是 11001 對應的手勢。」

由梨：「Peace。」

我：「『五位數的 0 與 1』可以看成是『以二進位法表示的五位數』。所以說，只要用一隻手就可以表示從 0 到 31 的每個數字了。」

由梨：「哥哥等一下。這樣的話，還是要把這些 0 與 1 的排列方式都背下來不是嗎？」

我：「到這裡，我們只有講到手指的舉起及放下對應到 0 與 1 而已喔。接下來才要進入有趣的部分。」

由梨：「嘎喔！」

---

## 1.3 記數法

我：「說到這個，由梨知道十進位法是什麼嗎？」

由梨：「你問是什麼──不就是一般的數嗎？」

我：「十進位法本身不是數喔，是一種記數法。」

由梨：「記數法？」

我：「表記數字的方法，也就是如何寫出一個數。」

由梨：「表示數字的方法⋯⋯數字不就是數字嗎？」

我：「不不不，數字的表記方式有很多種喔。」

由梨：「聽起來好麻煩啊⋯⋯數字就是數字嘛！」

我：「舉例來說，『12』可以寫成國字的『十二』，也可以寫成英語的『twelve』，但這些都表示 12 這個數。雖然表記方式不同，但都表示相同的數。」

由梨：「時鐘也一樣嗎？」

我：「時鐘？」

由梨：「客廳的時鐘啊。12 點的地方不是寫著『XII』嗎？」

我：「啊，沒錯！虧妳有注意到。就像由梨說的一樣，XII 也可以表示 12。」

由梨：「呵呵，瞭解……然後呢？」

---

## 1.4　十進位法

我：「再來談談十進位法吧。十進位法是我們平常所使用的記數法，也叫做十進位記數法。」

由梨：「十進位記數法？」

我：「十進位法會使用 0, 1, 2, 3, 4, 5, 6, 7, 8, 9 等，共十種數字來表示。」

由梨：「是啊。」

我：「進位記數法中，寫出數字的位置──也就是『位』，是一大重點。」

由梨：「是指個、十、百、千、萬嗎？」

我：「沒錯。從最右邊開始，依序是個位、十位、百位、千位。每往左邊一個位，數量就變成十倍。以 2065 這個數為例──

個位是 5，故表示 $5 \times 1$。
十位是 6，故表示 $6 \times 10$。
百位是 0，故表示 $0 \times 100$。
千位是 2，故表示 $2 \times 1000$。

──就是這樣。」

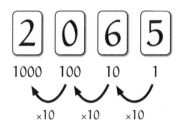

由梨：「啊，哥哥，我想起來了！四位數可以表示成

$$1000\boxed{a} + 100\boxed{b} + 10\boxed{c} + 1\boxed{d}$$

這個形式對吧？」

我：「當千位數的數字是$\boxed{a}$、百位數的數字是$\boxed{b}$、十位數的數字是$\boxed{c}$、個位數的數字是$\boxed{d}$的時候，就可以寫成這樣沒錯。」

由梨：「嗯嗯。」

我：「或者也能說，2065 這個數字的排列，可以表示由 2 個 1000、0 個 100、6 個 10，以及 5 個 1 相加後得到的數。」

$$\boxed{2}_{\times 1000} + \boxed{0}_{\times 100} + \boxed{6}_{\times 10} + \boxed{5}_{\times 1}$$

由梨：「簡單、簡單。」

我：「到這裡，講到的都是我們熟悉的十進位法。那麼，接下來要講的二進位法，就是把 10 全部換成 2 的記數法囉。」

由梨：「哦哦──！」

## 1.5　二進位法

我：「二進位法是一種記數法，也是一種表示數的方法。不過，
　　二進位法中所用的數字就只有 0 和 1 兩種而已，二進位法
　　中會用這兩種數字的排列來表示每個數。」

由梨：「嗯嗯。」

我：「從右邊開始，依序稱做 1 位、2 位、4 位、8 位、16 位。
　　每往左邊一個位，數量就變成二倍。以 11010 這個數為例
　　——

$$1 \text{ 位是 } 0 \text{，故表示 } 0 \times 1 \text{。}$$
$$2 \text{ 位是 } 1 \text{，故表示 } 1 \times 2 \text{。}$$
$$4 \text{ 位是 } 0 \text{，故表示 } 0 \times 4 \text{。}$$
$$8 \text{ 位是 } 1 \text{，故表示 } 1 \times 8 \text{。}$$
$$16 \text{ 位是 } 1 \text{，故表示 } 1 \times 16 \text{。}$$

——就是這樣。」

由梨：「為什麼二進位法中會出現 16 位、8 位這種不乾不脆的位呢？」

我：「不乾不脆？」

由梨：「如果是十進位法，位所代表的數字就是 1, 10, 100, 1000, …這種剛剛好的數不是嗎？」

我：「我們之所以覺得從 1 開始十倍十倍乘上去的數字會『剛剛好』，是因為我們已經習慣了十進位法的表記方式。因為我們用的是十進位法，所以每將一個數乘以十倍時，數的後面就多一個 0。」

由梨：「啊……」

我：「十進位法中，會用到個位、十位、百位、千位……等等。這些都可以寫成以下形式。

$$代表 \ 10^n \ 的位（n = 0, 1, 2, 3, \cdots）」$$

由梨：「嗯嗯。」

我：「$10^n$ 可以對應到十進位法中，1 後面有 $n$ 個 0 的數，也就是說

- $10^3 = 1000$　（有 3 個 0）
- $10^2 = 100$　（有 2 個 0）
- $10^1 = 10$　（有 1 個 0）
- $10^0 = 1$　（有 0 個 0）

全都是 10 的**乘冪**。」

由梨：「乘冪？」

我：「嗯，乘冪有時也會寫成**連乘**喔。」

由梨：「連乘啊……」

我：「二進位法中，會用到 1 位、2 位、4 位、8 位、16 位……
等等。這些都可以寫成以下形式。

$$代表 2^n 的位（n = 0, 1, 2, 3, 4, \cdots）$$

用二進位法表示 $2^n$ 時，可以寫成 1 後面有 $n$ 個 0 的數。這
就是 2 的乘冪形式。」

由梨：「原來如此！如果用二進位法表示 1 位、2 位、4 位、8
位、16 位，就可以得到剛剛好的數字了對吧！因為──

$$
\begin{aligned}
1\ 位是 &\quad \overset{\text{一}}{1}位 \\
2\ 位是 &\quad \overset{\text{一零}}{10}位 \\
4\ 位是 &\quad \overset{\text{一零零}}{100}位 \\
8\ 位是 &\quad \overset{\text{一零零零}}{1000}位 \\
16\ 位是 &\quad \overset{\text{一零零零零}}{10000}位
\end{aligned}
$$

對吧！」

我：「正是如此！」

由梨：「嘿嘿──」

我：「啊，對了。看到 10000 這種只由 0 和 1 所組成的數時，
我們沒辦法馬上分辨出這是用十進位法表記的數，還是用
二進位法表記的數。」

由梨:「啊,說的也是。」

我:「為了顯示出我們用的是哪一種進位法,有時會在數字的右下角寫出**底數**。如果用十進位法寫 10000,會寫成 $(10000)_{10}$;如果用二進位法寫,則會寫成 $(10000)_2$。這樣就能分辨清楚了。」

$$(10000)_{10} \qquad \text{以十進位法表記的 10000}$$
$$(10000)_2 \qquad \text{以二進位法表記的 10000}$$

由梨:「這樣啊——」

我:「譬如說,我們可以用以下等式來表示『以二進位法表記的 11010 這個數,與以十進位法表記的 26 這個數相等』。」

$$(11010)_2 = (26)_{10}$$

由梨:「這樣不是很麻煩嗎?」

我:「如果不會有搞混底數的問題,不寫出底數也可以喔。畢竟這只是為了弄清楚底數是多少而已。」

由梨:「那就還好。」

我:「因為目的只是要弄清楚底數是多少,所以也有人會寫成這樣。」

$$11010_{(2)} = 26_{(10)}$$

由梨:「原來如此。」

我:「前面我們提到,二進位法中的 11010,會等於十進位法中

的 26。那麼，該如何確認這件事呢？」

由梨：「計算一下就知道了吧。我看看⋯⋯

$$(11010)_2 = \underline{1} \times 16 + \underline{1} \times 8 + \underline{0} \times 4 + \underline{1} \times 2 + \underline{0} \times 1$$
$$= 16 + 8 + 2$$
$$= 26$$

⋯⋯所以會是 26！」

我：「沒錯！二進位法中只會用到 0 和 1 兩種數字。或者也可以說，『以二進位法表記數字』就是將數『表示成 2 的乘冪之和』。用剛才由梨計算的 26 當例子，可以得到

$$26 = 16 + 8 + 2$$
$$= 2^4 + 2^3 + 2^1$$

也就是 $2^4$、$2^3$、$2^1$ 的和。」

由梨：「哦——不會用到 $2^2$ 和 $2^0$ 耶。」

我：「如果是 31，就可以寫成這個樣子。

$$31 = 16 + 8 + 4 + 2 + 1$$
$$= 2^4 + 2^3 + 2^2 + 2^1 + 2^0$$

也就是 $2^4$、$2^3$、$2^2$、$2^1$、$2^0$ 的和。」

由梨：「嗯嗯，這樣就有用到 $2^4$ 到 $2^0$ 的每個數了。」

## 1.6 對應表

我：「讓我們試著用十進位法和二進位法分別表示 $0, 1, 2, 3, \cdots,$ 31 吧。」

| 十進位法 | 二進位法 |
|:---:|:---|
| 0 | 00000 |
| 1 | 00001 |
| 2 | 00010 |
| 3 | 00011 |
| 4 | 00100 |
| 5 | 00101 |
| 6 | 00110 |
| 7 | 00111 |
| 8 | 01000 |
| 9 | 01001 |
| 10 | 01010 |
| 11 | 01011 |
| 12 | 01100 |
| 13 | 01101 |
| 14 | 01110 |
| 15 | 01111 |
| 16 | 10000 |
| 17 | 10001 |
| 18 | 10010 |
| 19 | 10011 |
| 20 | 10100 |
| 21 | 10101 |
| 22 | 10110 |
| 23 | 10111 |
| 24 | 11000 |
| 25 | 11001 |
| 26 | 11010 |
| 27 | 11011 |
| 28 | 11100 |
| 29 | 11101 |
| 30 | 11110 |
| 31 | 11111 |

**十進位法與二進位法的對應表**

我：「從這個對應表中可以看出幾個規律。比方說，請妳將二
進位法這欄中，每個數的最右邊一位由上到下唸出來。」

由梨：「0, 1, 0, 1, 0, 1, …是這個嗎？」

我：「沒錯。如果 1 位是 0 就是**偶數**，1 位是 1 就是**奇數**。偶
數和奇數會交替出現，所以會形成 0, 1, 0, 1, …的規律。」

| 十進位法 | 二進位法 |
|---|---|
| 0 | 00000 |
| 1 | 00001 |
| 2 | 00010 |
| 3 | 00011 |
| 4 | 00100 |
| 5 | 00101 |
| 6 | 00110 |
| 7 | 00111 |
| 8 | 01000 |
| 9 | 01001 |
| 10 | 01010 |
| 11 | 01011 |
| 12 | 01100 |
| 13 | 01101 |
| 14 | 01110 |
| ⋮ | ⋮ |

由梨：「若是 2 位，就是 0, 0, 1, 1, 0, 0, 1, 1, …囉。」

我：「也就是 0 和 1 兩個兩個交替出現對吧。」

| 十進位法 | 二進位法 |
|:---:|:---:|
| 0 | 00000 |
| 1 | 00001 |
| 2 | 00010 |
| 3 | 00011 |
| 4 | 00100 |
| 5 | 00101 |
| 6 | 00110 |
| 7 | 00111 |
| 8 | 01000 |
| 9 | 01001 |
| 10 | 01010 |
| 11 | 01011 |
| 12 | 01100 |
| 13 | 01101 |
| 14 | 01110 |
| ⋮ | ⋮ |

## 1.7 在二進位法中逐次加 1

我：「接著來實際數數看一個個數吧。二進位法中，五位數的
0 會寫成 00000。把它加上 1 後會變成 00001。」

$$
\begin{array}{r}
0\ 0\ 0\ 0\ 0 \\
+\qquad\quad 1 \\
\hline
0\ 0\ 0\ 0\ 1
\end{array}
$$

由梨：「因為 0 和 1 相加後會得到 1。」

我：「再加上 1 就會變成 2 囉。00010。」
（零零零一零）

```
    0 0 0 0 1
+           1
─────────────
    0 0 0 1 0
```

由梨：「進位了？」

我：「是啊。進位了。1 加上 1 後會得到 2，但是二進位法中只能使用 0 和 1，所以會進位，得到 00010。」

```
    0 0 0 0 1
+           1
─────────────
    0 0 0 1 0
```

由梨：「再加上 1 後就會變成 3 了，也就是 00011。」

```
    0 0 0 1 0
+           1
─────────────
    0 0 0 1 1
```

我：「再加 1 得到 4 時，會連續發生兩次進位。」

```
    0 0 0 1 1
+           1
─────────────
    0 0 1 0 0
```

由梨：「就和 99 加上 1 的情況一樣。」

我：「是啊。十進位法中的 99 加 1 時時，也會連續進位兩次。」

由梨：「二進位法中只有 0 和 1，計算起來很簡單嘛！」

我：「相對的，二進位法的位數也比較多喔。」

由梨：「這樣啊……」

我：「瞭解這些之後，就知道怎麼用單手數到 31 囉。把彎起來的手指當作 1，然後陸續加上 1，並注意進位，就可以比出每個數的手勢了。」

由梨：「我試試看！」

由梨開始將手指彎起又張開，數起了二進位的數字。

我：「拇指是 1 位，所以會一直重覆彎起又張開的動作，很忙對吧。」

由梨：「是啊。小指倒是很閒……」

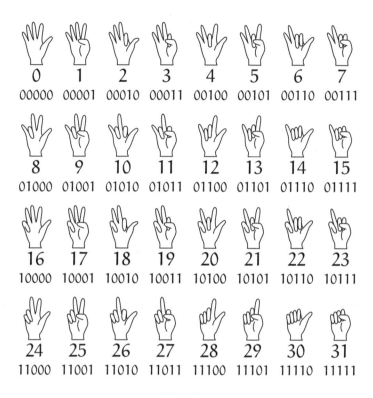

**用單手數到** 31

---

## 1.8 39 會對應到什麼數呢？

我：「那麼，這裡就來個小測驗吧。」

由梨：「什麼小測驗？」

我：「十進位法中的 39，寫成二進位法時會是什麼樣子呢？」

小測驗

試將 39 改寫成二進位的數字。

$$(39)_{10} = (\ ?\ )_2$$

由梨:「沒學過。」

我:「不不不,不是問妳有沒有學過,而是要妳思考要怎麼解題喔。」

由梨:「……啊,我知道了。剛才我們有列出 31 以前的對應表嘛,再把它接著寫下去就行了吧。31 是 11111、32 是 100000、33 是 100001……」

| 十進位法 | 二進位法 |
|---|---|
| ⋮ | ⋮ |
| 31 | 11111 |
| 32 | 100000 |
| 33 | 100001 |
| 34 | 100010 |
| 35 | 100011 |
| 36 | 100100 |
| 37 | 100101 |
| 38 | 100110 |
| 39 | 100111 |
| ⋮ | ⋮ |

十進位法與二進位法的對應表(續)

由梨：「所以說，39 寫成二進位時，就是 100111 對吧？」

我：「正確答案！」

---

**小測驗的答案**

將 39 寫成二進位時，為 100111。

$$(39)_{10} = (100111)_2$$

---

由梨：「很簡單嘛！」

我：「像由梨這樣，把數字陸續加上 1 的方法並不壞。」

由梨：「可是很麻煩！」

我：「我們可以試著思考看看『將十進位的數轉換成二進位的數』的一般化方法。如果我們能用某種方式，將 39 寫成 2 的乘冪的和，就可以得到『將 39 寫成二進位時，為 100111』這個答案。這樣我們就能在不使用對應表的情況下，直接算出 100111。」

由梨：「嗯……」

我：「將 39 寫成二進位時，我們馬上就能看出 1 位是 1 而不是 0。」

$$39 = (\cdots 1)_2$$

由梨：「為什麼？……啊，因為 39 是奇數嗎？」

我：「就是這樣。將某個數以二進位表示時——

- 如果是偶數，1 位為 0
- 如果是奇數，1 位為 1

換句話說，將某個數以二進位表示時，1 位會等於這個數除以 2 時的餘數。39 除以 2 的商和餘數如下。」

$$39 = 2 \times \underbrace{19}_{商} + \underbrace{1}_{餘數}$$

由梨：「嗯嗯。」

我：「所以說，『除以 2』就是以二進位法表記時的關鍵。」

由梨：「我知道 1 位是除以 2 的餘數了，那 2 位呢？」

我：「思考問題的時候可以想想看『有沒有相似的問題呢』。」

由梨：「啊，要除以 4 的餘數嗎？」

我：「厲害！不過除以 4 的餘數有可能是 0, 1, 2, 3 喔。」

由梨：「這樣啊，可是能用的數就只有 0 和 1 而已……」

我：「假設一個二進位的五位數可以寫成以下形式

$$(\boxed{a}\boxed{b}\boxed{c}\boxed{d}\boxed{e})_2$$

$\boxed{a}, \boxed{b}, \boxed{c}, \boxed{d}, \boxed{e}$ 皆為 0 或 1。因為這是一個二進位的數字。」

由梨：「嗯……然後呢？」

我：「因為是用二進位法表示，故可以寫成這個樣子。

$$(\boxed{a}\boxed{b}\boxed{c}\boxed{d}\boxed{e})_2 = 16\boxed{a} + 8\boxed{b} + 4\boxed{c} + 2\boxed{d} + 1\boxed{e}$$」

由梨：「……」

我：「把這個數除以 2 時，可以得到**商**和**餘數**如下。

$$(\boxed{a}\boxed{b}\boxed{c}\boxed{d}\boxed{e})_2 = 2(\underbrace{8\boxed{a} + 4\boxed{b} + 2\boxed{c} + 1\boxed{d}}_{\text{商}}) + \underbrace{1\boxed{e}}_{\text{餘數}}$$」

由梨：「提出 2 嗎？」

我：「沒錯。仔細觀察一下商的部分吧。」

由梨：「啊！$8\boxed{a}+4\boxed{b}+2\boxed{c}+1\boxed{d}$，這也是二進位！」

我：「沒錯，會得到四位數的二進位數字。那麼，接下來我們想求出 $\boxed{d}$ 是多少，該怎麼做呢？」

由梨：「再除以 2！」

我：「沒錯！將除以 2 之後得到的商再除以 2，其餘數就會是 $\boxed{d}$。」

由梨：「也就是反覆除以 2 就好了嘛！」

$$16\boxed{a} + 8\boxed{b} + 4\boxed{c} + 2\boxed{d} + 1\boxed{e} = \underbrace{2(8\boxed{a} + 4\boxed{b} + 2\boxed{c} + 1\boxed{d}}_{商}) + \underbrace{1\boxed{e}}_{餘數}$$

$$8\boxed{a} + 4\boxed{b} + 2\boxed{c} + 1\boxed{d} = \underbrace{2(4\boxed{a} + 2\boxed{b} + 1\boxed{c}}_{商}) + \underbrace{1\boxed{d}}_{餘數}$$

$$4\boxed{a} + 2\boxed{b} + 1\boxed{c} = \underbrace{2(2\boxed{a} + 1\boxed{b}}_{商}) + \underbrace{1\boxed{c}}_{餘數}$$

$$2\boxed{a} + 1\boxed{b} = \underbrace{2(1\boxed{a}}_{商}) + \underbrace{1\boxed{b}}_{餘數}$$

$$1\boxed{a} = \underbrace{2(\ 0\ )}_{商} + \underbrace{1\boxed{a}}_{餘數}$$

我：「觀察這些餘數，可以發現它們會依照 $\boxed{e}, \boxed{d}, \boxed{c}, \boxed{b}, \boxed{a}$ 的順序出現。」

由梨：「原來如此。」

我：「實際用 39 來算算看吧。過程如下。」

$$39 \div 2 = 19 \text{ 餘數 } 1$$

$$19 \div 2 = 9 \text{ 餘數 } 1$$

$$9 \div 2 = 4 \text{ 餘數 } 1$$

$$4 \div 2 = 2 \text{ 餘數 } 0$$

$$2 \div 2 = 1 \text{ 餘數 } 0$$

$$1 \div 2 = 0 \text{ 餘數 } 1$$

**以二進位法表示 39**

由梨：「餘數是 1, 1, 1, 0, 0, 1，咦？」

我：「因為我們會先算出 1 位，再陸續算出後面的位數，所以順序要倒過來才行。」

由梨：「原來如此。倒過來之後是 1, 0, 0, 1, 1, 1，真的是 100111 耶！」

我：「所以說，將 39 改以二進位法表示時，就會變成 100111 囉。」

## 1.9　找出規則

由梨把手拿到面前，有時彎起手指，有時張開手指。看來應該是在練習二進位法的手勢吧。

由梨：「我說哥哥啊。為什麼會有人想到要研究二進位法呢？」

我：「據說，是哲學家兼數學家的萊布尼茲認為，二進位法比較容易找出數字的規律。」

由梨：「規律？」

我：「嗯。比起十進位法的數列，以二進位法表示的數列比較容易看出數字的規律，也比較容易找出數列的性質。」

由梨：「聽不太懂你在說什麼耶。」

我：「嗯……舉例來說，假設有個數列是這樣。」

$$(0)_2, (1)_2, (11)_2, (111)_2, (1111)_2, (11111)_2, \ldots$$

由梨：「全都是 1。」

我：「嗯。如果用二進位法寫出這些數，可以看出這樣的規則。一個 0、一個 1、兩個 1、三個 1……」

由梨：「一目瞭然。」

我：「沒錯，一目瞭然。用二進位法表記時，可以輕易找出數字的規則。不過，如果把這個數列寫成十進位法時，會是什麼樣子呢？」

由梨：「$(0)_2$ 是 0、$(1)_2$ 是 1、$(11)_2$ 是 3——

$$0, 1, 3, 7, 15, 31, \ldots$$

——沒錯吧。」

我：「沒錯。看到 0, 1, 3, 7, 15, 31, …這樣的數列時，我們無法馬上看出它的規則。但如果用二進位法表記，就可以馬上知道它的規則了，就是這麼回事。」

由梨：「為什麼用二進位法表記數字時會比較容易發現規則呢？」

我：「大概是因為二進位法只會用到 0 和 1 而已吧。要是有數字重複出現，一眼就能看出來了。用二進位法來表記數字，譬如 101 這個數的時候，有時還會寫成 <u>00</u>101 的形式，在前面補幾個 0，這也是為了方便看出數字的規則。」

由梨：「二進位法中，全都是 1 的數字有什麼規則嗎？」

我：「嗯。

$$(0)_2, (1)_2, (11)_2, (111)_2, (1111)_2, (11111)_2, \ldots$$

這個數列的一般項可以寫成這個簡單的形式。」

$$2^n - 1 \qquad (n = 0, 1, 2, 3, 4, 5 \ldots)$$

| $n$ | 0 | 1 | 2 | 3 | 4 | 5 | $\cdots$ |
|---|---|---|---|---|---|---|---|
| $2^n - 1$ | 0 | 1 | 3 | 7 | 15 | 31 | $\cdots$ |

由梨：「啊，可是，十進位法也可以寫出有類似規則的數列啊。
譬如這種數列。

$$0, 9, 99, 999, 9999, 99999, \ldots$$

這些都是

$$10^n - 1 \qquad (n = 0, 1, 2, 3, 4, 5 \ldots)$$

對吧？」

我：「確實如此！」

---

## 1.10　兩個國家

由梨：「之所以比較容易看出規則，是因為只有用 0 和 1 嗎
……？」

我：「以二進位法表記數字時，一般會用 0 和 1 這兩個數字。
但只要是**能明確分成兩類的東西**，就可以用二進位法的 0
和 1 來表示喔。」

由梨：「什麼意思呢？」

我：「就像手指可以彎起與張開，並可分別用 0 和 1 表示一樣，
0 不一定真的得是 0，1 也不一定真的得是 1。」

由梨：「說的也是。能分成兩類啊……譬如黑白棋的棋子
嗎？」

我：「來試試看吧。把白棋當成 0，黑棋當成 1，可以得到

$$(\bullet\bullet\circ\circ\bullet)_2 = (11001)_2 = (25)_{10}$$

就和單手的五根指頭一樣，也可以用五顆黑白棋來表示數字 0 到 31。」

由梨：「反過來也可以吧？把黑色當成 0，白色當成 1。」

我：「當然可以囉。只要確定顏色的對應就可以了。如果黑色是 0、白色是 1，25 就會是（$\circ\circ\bullet\bullet\circ$）$_2$。」

由梨：「啦啦啦☆由梨突然有個想法！」

我：「什麼想法呢？」

由梨：「剛才哥哥說

- 手指舉起 ←----→ 0
- 手指放下 ←----→ 1

不過倒過來的話也行吧？也就是

- 手指舉起 ←----→ 1
- 手指放下 ←----→ 0」

我：「原來如此。妳是說把手勢所代表的數字倒過來吧。當然可以喔。嗯，感覺可以再出一題有趣的小測驗喔！」

由梨：「小測驗？」

小測驗（手勢意義不同的兩個國家）

假設 $A$ 國與 $B$ 國用手勢與二進位法來表示 0 到 31 的數時，

- $A$ 國舉起手指時代表 0，放下手指時代表 1。
- $B$ 國舉起手指時代表 1，放下手指時代表 0。

舉例來說，當兩國人民看到

這個手勢的時候，

- $A$ 國的人民會認為這代表 $(01100)_2$，也就是 12。
- $B$ 國的人民會認為這代表 $(10011)_2$，也就是 19。

我們可以把這寫成

$$A(\text{✋}) = (01100)_2 = 12$$
$$B(\text{✋}) = (10011)_2 = 19$$

若以 $x$ 代表手勢，那麼 $A(x)$ 與 $B(x)$ 之間有什麼關係呢？

由梨：「嗯……該怎麼思考這個問題才好呢？」

我：「『舉例是理解的試金石』，所以可以試著從一個例子思考看看。譬如說，當 $x = $ 🤟 時會怎麼樣呢？」

由梨：「🤟 在 $A$ 國代表 $2 + 1 = 3$；在 $B$ 國是——嗯，$16 + 8 + 4 = 28$ 是嗎喵？」

$$A(🤟) = (00011)_2 = \underline{0} \times 2^4 + \underline{0} \times 2^3 + \underline{0} \times 2^2 + \underline{1} \times 2^1 + \underline{1} \times 2^0 = 3$$
$$B(🤟) = (11100)_2 = \underline{1} \times 2^4 + \underline{1} \times 2^3 + \underline{1} \times 2^2 + \underline{0} \times 2^1 + \underline{0} \times 2^0 = 28$$

我：「嗯，沒錯。還有其他例子嗎？」

由梨：「如果是 🤟，在 $A$ 國就是 $16 + 8 + 1 = 25$，對吧。在 $B$ 國……應該是 $6$ 吧。」

$$A(🤟) = (11001)_2 = \underline{1} \times 2^4 + \underline{1} \times 2^3 + \underline{0} \times 2^2 + \underline{0} \times 2^1 + \underline{1} \times 2^0 = 25$$
$$B(🤟) = (00110)_2 = \underline{0} \times 2^4 + \underline{0} \times 2^3 + \underline{1} \times 2^2 + \underline{1} \times 2^1 + \underline{0} \times 2^0 = 6$$

我：「有發現什麼嗎？」

由梨：「$12$ 和 $19$，然後是 $3$ 和 $28$、$25$ 和 $6$……啊，我知道了！相加後都是 $31$！」

我：「沒錯，正確答案！」

小測驗的解答（手勢意義不同的兩個國家）

$A(x)$ 與 $B(x)$ 之間有以下關係。

$$A(x) + B(x) = 31$$

由梨：「等一下，可是我們只有確認過 ✋、🤙、✌ 這三種手勢而已耶。」

我：「嗯，不過我們可以**證明**從 ✋ 到 🖐 的每個手勢都能滿足這個關係。」

由梨：「證明啊……」

我：「$A$ 國對 0 和 1 手勢的解釋方式，剛好與 $B$ 國相反，也就是互為**反轉**對吧。因此，若用二進位法來表示 $A(x) + B(x)$ 的計算結果，一定會得到 $(11111)_2$，換言之，$(11111)_2 = (31)_{10}$。這樣就得證了。」

由梨：「原來如此。因為相加的兩個數互為反轉，所以絕對不會進位！」

$$
\begin{array}{r}
1\ 0\ 1\ 1\ 0 \\
+\ 0\ 1\ 0\ 0\ 1 \\
\hline
1\ 1\ 1\ 1\ 1
\end{array}
$$

## 1.11　蒙娜麗莎與變幻的 pixel

由梨：「你看你看！我也比得出所有數字了！」

　　由梨靈活地動了動手指，從 1 比到 31 給我看。

我：「喔！很靈活嘛！」

由梨：「用舉起手指、放下手指來表示二進位法，真的很有趣耶！」

我：「二進位法可以將由兩種狀態所組成的事物表示成數字的排列，所以也會用在電腦上。」

由梨：「電腦……」

我：「嗯。開關的 ON 或 OFF、燈光的明或滅，只要是有兩種狀態的事物，都可以表示成二進位的數……對了，說到電腦，下週在雙倉圖書館有一個叫做『變幻的 pixel』的活動，米爾迦也會去，由梨要不要也一起去呢？」

由梨：「米爾迦大人也要去！？那我也要去！」

　　我把「變幻的 pixel」的介紹手冊拿給由梨看。

由梨：「pixel……是什麼呢？」

我：「所謂的 pixel，就是構成電腦螢幕的一個個點，也叫做像素。妳看，許多小點聚集在一起之後，就可以得到一張畫對吧。這張印刷出來的名畫——蒙娜麗莎也一樣，放大之後就可以看出這張圖是由許多點構成的。蒙娜麗莎原本是用油彩著色而成，不過在黑白印刷下，就會轉變成白點與

黑點的組合。」

**以白點與黑點的組合所繪出的蒙娜麗莎**

由梨：「白與黑──這表示我們也可以用數來表示蒙娜麗莎對
　　　吧！」

我：「數？」

由梨：「你看嘛，只要是有兩種狀態的事物，就可以用數來表
　　　示。假設白是 0、黑是 1，那○○●○●●●●○……就可
　　　以寫成 001011110，這不就是數嗎！」

我：「確實如此！」

「如果不知道手指的數目，還能夠數數嗎？」

# 第 1 章的問題

> 現代人用十進位記數法進行計算，
> 古代人卻不曉得那麼方便的數字表記法。
> 和古代人相比，現代人站在相當有利的立場。
> ——喬治・波利亞[*2]

問題 1-1（彎起或張開手指）

本書用彎起手指與張開手指來表示 1 與 0，並藉此表示二進位法中的 0, 1, 2, 3, …, 31 等 32 個數。這 32 個數中，「張開食指」的數有幾個呢？

（解答在 p.242）

---

[*2] 引用自 George Pólya，《How to Solve It》（作者譯）。

**問題 1-2**（以二進位法表示）

以下 ①～⑧ 是用十進位法表示的數，請改用二進位法來表示這些數。

例 $12 = (1100)_2$

① 0
② 7
③ 10
④ 16
⑤ 25
⑥ 31
⑦ 100
⑧ 128

（解答在 p.243）

問題 **1-3**（以十進位法表示）

以下 ①～⑧ 是用二進位法表示的數，請改用十進位法來表示這些數。

例 $(11)_2 = 3$

① $(100)_2$

② $(110)_2$

③ $(1001)_2$

④ $(1100)_2$

⑤ $(1111)_2$

⑥ $(10001)_2$

⑦ $(11010)_2$

⑧ $(11110)_2$

（解答在 p.244）

**問題 1-4**（以十六進位法表示）

有些程式碼不使用二進位法，也不使用十進位法，而是使用十六進位法。十六進位法需要十六種數字，故使用字母來表示 10 到 15 的數字。也就是說，十六進位法所使用的「數字」為

$$0, 1, 2, 3, 4, 5, 6, 7, 8, 9, A, B, C, D, E, F$$

等十六種。請用十六進位法來表示以下數字。

例　$(17)_{10} = (11)_{16}$
例　$(00101010)_2 = (2A)_{16}$
① $(10)_{10}$
② $(15)_{10}$
③ $(200)_{10}$
④ $(255)_{10}$
⑤ $(1100)_2$
⑥ $(1111)_2$
⑦ $(11110000)_2$
⑧ $(10100010)_2$

（解答在 p.246）

問題 1-5（$2^n - 1$）

設 $n$ 為大於等於 1 的整數。試證明，$n$ 非質數時，

$$2^n - 1$$

亦非質數。

提示：「$n$ 非質數」即表示「$n=1$，或者存在 $a$ 與 $b$ 兩個大於 1 的整數滿足 $n=ab$」。

（解答在 p.247）

# 第 2 章

# 變幻的 pixel

「點會動，圖就會動」

## 2.1 在車站

　　我是蒂蒂，是一名高中生。今天是個讓人期待的日子。
今天和平常教我數學的學長約在車站見面，
等等要一起搭電車到雙倉圖書館參加活動——

由梨：「啊，找到妳了。蒂蒂學姊！」

蒂蒂：「咦咦，小由梨。妳也來搭車嗎？」

由梨：「等等要去『變幻的 pixel』活動不是嗎？」

蒂蒂：「啊，是這樣沒錯……小由梨也要去嗎？那學長呢？」

由梨：「哥哥得到流感了啦！」

蒂蒂：「咦咦！那是不是要去探病比較好啊！」

由梨：「不行喔，會被傳染的！我們兩個一起去吧！」

蒂蒂：「啊……說的也是。」

　　——於是我便和由梨兩個人搭上電車開始移動。

由梨：「好久沒去過雙倉圖書館了！」

蒂蒂：「是啊。這次『變幻的 pixel』的活動主題是二進位法，
　　　　這也是用在電腦程式上的記數法喔。據說會有很多展覽
　　　　品，感覺會很有趣。」

由梨：「蒂蒂學姊會寫程式嗎？」

蒂蒂：「出於興趣有學過一點，但還只是入門啦。今天小麗莎
　　　　會幫我們導覽喔。雖然她還只是高中生，不過她很熟悉電
　　　　腦和程式設計喔。」

---

## 2.2　在雙倉圖書館

　　我們抵達雙倉圖書館時，小麗莎已經在大門前等我們了。
　　她有著一頭紅髮，相當醒目。不過她本人相當低調，不多
話，只會用最少的字句來表達她的意思。
　　於是，小麗莎就帶著我和小由梨在會場內到處逛。

麗莎：「掃描器和印表機。」

　　小麗莎用沙啞的聲音說著。
　　桌子上擺著兩台機器。雖然說是機器，但都只有手掌般迷
你大小。

**掃描器和印表機**

由梨：「裡面有紙耶。」

蒂蒂：「掃描器（scanner）是掃描（scan）紙上圖案的機器，印表機（printer）則是在紙上列印（print）圖案的機器對吧。掃描器是讀取用的機器，印表機則是印刷用的機器。」

由梨：「嗯……」

蒂蒂：「不過這些機器還真小呢。」

麗莎：「十六 pixel 的最小實驗組合。」

蒂蒂：「？」

麗莎：「參考流程 1。」

　　小麗莎指向一塊解說板，上面畫著掃描器和印表機的整體示意圖。

流程 1（掃描器和印表機）

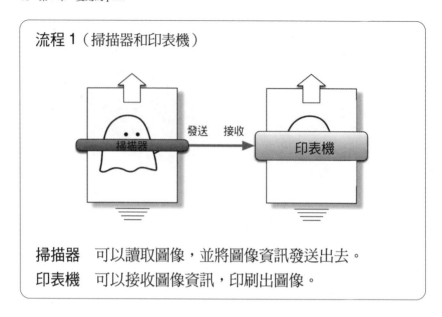

掃描器　可以讀取圖像，並將圖像資訊發送出去。

印表機　可以接收圖像資訊，印刷出圖像。

由梨：「掃描器會一邊移動紙張，一邊讀取圖像嗎？」

蒂蒂：「應該是這樣沒錯。掃描器會一邊移動紙張，一邊讀取
　　　　圖像；印表機則會一邊移動紙張，一邊印出圖像。」

麗莎：「參考解說板。」

## 2.3 掃描器的運作機制

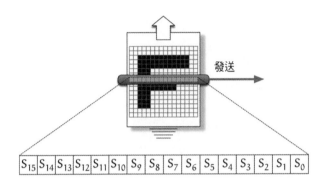

掃描器的運作機制

- 掃描器上有十六個感光器。
- 每個感光器都可以讀取圖像，並將之轉換成一個位元的圖像資料。

  如果是白色，轉換成 0；
  如果是黑色，轉換成 1。

- 掃描器每讀取一次圖像時，會將十六位元的圖像資料發送出去，並移動紙張。
- 重複同樣的動作十六次。

由梨：「位元？」

蒂蒂：「用二進位法來表示數的時候，一個位數就是一個位元
喔。」

由梨：「這樣啊。十六個感光器得到的資料，可以寫成二進位
法的十六位數。可是，十六還真是個不乾不脆的數字
耶。」

麗莎：「16 是 $2^4$，所以剛剛好。」

由梨：「啊，真的耶！」

麗莎：「這是掃描器的程式碼。」

　　麗莎將驅動掃描器工作的程式 SCAN 拿給我們看。

```
1:   program SCAN
2:      k ← 0
3:      while k < 16 do
4:          x ← (S₁₅S₁₄S₁₃S₁₂S₁₁S₁₀S₉S₈S₇S₆S₅S₄S₃S₂S₁S₀)₂
5:          〈送出 x〉
6:          〈移動紙張〉
7:          k ← k + 1
8:      end-while
9:   end-program
```

由梨：「嗚哇，看起來好麻煩！」

蒂蒂：「小由梨，別這麼說嘛，一起來看看介紹手冊上的說明
吧。按照 1, 2, 3, …的順序來看。」

*1*:　**program** SCAN

從這裡開始執行 SCAN 這個程式。

*2*:　k ← 0

將變數 $k$ 以 0 代入。

*3*:　**while** k < 16 **do**

執行迴圈。這裡以變數 $k$ 目前的數值為基準，判斷是否符合 $k < 16$ 這個條件。

- 若符合，繼續執行第 4 行。
- 若不符合，跳出迴圈，執行第 9 行。

*4*:　x ← $(S_{15}S_{14}S_{13}S_{12}S_{11}S_{10}S_9S_8S_7S_6S_5S_4S_3S_2S_1S_0)_2$

讀取圖像資料。將感光器 $S_{15}$ 到 $S_0$ 所讀取到的十六位元資訊，轉換成二進位法的十六位數，並令變數 $x$ 等於這十六位數。

*5*　〈傳送 $x$〉

傳送變數 $x$ 的數值。

*6*　〈移動紙張〉

移動紙張。

*7*:　k ← k + 1

將變數 $k$ 加上 1，再以此取代原本的變數 $k$。每經過一次這個步驟，$k$ 的數值就會增加 1。

*8*:　**end-while**

迴圈結束。回到迴圈開始的第 3 行。

*9*:　**end-program**

結束程式執行。

由梨:「要執行好幾次啊……」

蒂蒂:「是啊。程式執行到第 8 行時,會再回到第 3 行重複執行,就像這樣。」

```
1
2
3 ┌3 ┌3 ┌3 ┌3 ┌3 ┌3 ┌3 ┌3 ┌3 ┌3 ┌3 ┌3 ┌3 ┌3 ┌3 ┌3
4 │4 │4 │4 │4 │4 │4 │4 │4 │4 │4 │4 │4 │4 │4 │4 │4
5 │5 │5 │5 │5 │5 │5 │5 │5 │5 │5 │5 │5 │5 │5 │5 │5
6 │6 │6 │6 │6 │6 │6 │6 │6 │6 │6 │6 │6 │6 │6 │6 │6
7 │7 │7 │7 │7 │7 │7 │7 │7 │7 │7 │7 │7 │7 │7 │7 │7
8 ┘8 ┘8 ┘8 ┘8 ┘8 ┘8 ┘8 ┘8 ┘8 ┘8 ┘8 ┘8 ┘8 ┘8 ┘8 ┘8
                                                    9
```

由梨:「嗚哇──……」

蒂蒂:「每次執行到第 7 行時,變數 $k$ 的數值就會從 0 變成 1、從 1 變成 2、從 2 變成 3……陸續加 1 上去。」

由梨:「執行到第 7 行的時候,$k$ 會加 1。那為什麼不是 $k \rightarrow k+1$ 而是 $k \leftarrow k+1$ 呢?」

蒂蒂:「不是這個意思喔。$k \leftarrow k+1$ 並不是表示 $k$ 如何變化,而是表示先計算出當下的 $k+1$ 等於多少,然後將這個數值代入變數 $k$ 的意思。」

由梨:「咦……」

蒂蒂:「每執行一次就加 1,於是變數 $k$ 的數值很快就會增加到 16。下一次回到第 3 行時,就不會符合 $k < 16$ 這個條件了對吧。這時就會跳出迴圈,來到第 9 行,結束程式。」

由梨：「蒂蒂學姊很懂程式耶！」

蒂蒂：「不不不，只是之前曾經讀過一些些而已啦[1]。」

麗莎：「輸入是這個圖。」

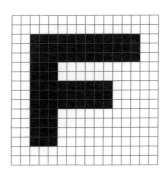

輸入

由梨：「如果用0和1分別表示白與黑的話……就像這樣嗎？」

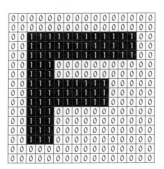

---

[1] 參考《數學女孩：隨機演算法》。

蒂蒂:「是啊。」

由梨:「有十六個用二進位法表記的十六位數!」

麗莎:「$k$ 值與 $x$ 值的對應表。」

| $k$ 值 | $x$ 值 |
|:---:|:---:|
| 0 | $(0000000000000000)_2$ |
| 1 | $(0000000000000000)_2$ |
| 2 | $(0011111111111100)_2$ |
| 3 | $(0011111111111100)_2$ |
| 4 | $(0011111111111100)_2$ |
| 5 | $(0011100000000000)_2$ |
| 6 | $(0011100000000000)_2$ |
| 7 | $(0011111111100000)_2$ |
| 8 | $(0011111111100000)_2$ |
| 9 | $(0011111111100000)_2$ |
| 10 | $(0011100000000000)_2$ |
| 11 | $(0011100000000000)_2$ |
| 12 | $(0011100000000000)_2$ |
| 13 | $(0011100000000000)_2$ |
| 14 | $(0000000000000000)_2$ |
| 15 | $(0000000000000000)_2$ |

## 2.4 印表機的運作機制

由梨:「印表機也一樣嗎?」

蒂蒂:「印表機與掃描器剛好相反喔。如果是 0 就印出白色,
1 就印出黑色。」

麗莎：「0 的話就不印。」

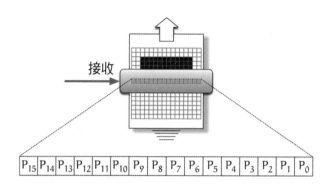

印表機的運作機制

接收

$P_{15}$ $P_{14}$ $P_{13}$ $P_{12}$ $P_{11}$ $P_{10}$ $P_9$ $P_8$ $P_7$ $P_6$ $P_5$ $P_4$ $P_3$ $P_2$ $P_1$ $P_0$

- 印表機上有十六個**印刷單元**排成一列。
- 印表機接收十六位元的資訊後，再將其分配到各個印刷單元。
- 每個印刷單元會依照被分配到的位元資訊進行印刷。

  如果是 0，就什麼都不做。

  如果是 1，就印出 ■。

- 印表機每印出十六位元的資訊，就移動一次紙張。
- 重複同樣的動作十六次。

蒂蒂：「啊，因為是印在白色的紙張上，所以 0 就是什麼都不印。」

麗莎：「這是驅動印表機的程式 PRINT。」

```
1:    program PRINT
2:        k ← 0
3:        while k < 16 do
4:            x ← 〈接收訊息〉
5:            〈依照 (P₁₅P₁₄P₁₃P₁₂P₁₁P₁₀P₉P₈P₇P₆P₅P₄P₃P₂P₁P₀)₂ 印出 x〉
6:            〈移動紙張〉
7:            k ← k + 1
8:        end-while
9:    end-program
```

由梨：「跟剛才的有點像。」

蒂蒂：「SCAN 和 PRINT 都是一邊移動紙張，一邊處理工作，重複執行十六次，所以看起來很像喔。不過，

- SCAN 是將讀取到的資訊傳送出去。
- PRINT 是將接收到的資訊印出來。

這點還是不太一樣。」

## 2.5　實際操作看看

由梨：「嗯，我想實際操作看看！把這張紙放進掃描器內就可以了吧！讓由梨來試試看！」

麗莎：「將白紙放入印表機。」

我們把寫有 F 的紙張放入掃描器內，把白紙放入印表機內，然後啟動掃描器和印表機，開始印刷。

由梨：「完成了！這就是複印機嘛，兩張完全一樣。」

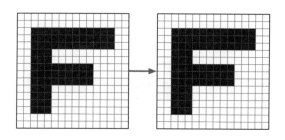

**輸入至掃描器，再以印表機輸出**

麗莎：「因為中間沒有濾波器(filter)。」

由梨：「濾波器？」

蒂蒂：「Filter……？」

## 2.6　濾波器的運作機制

麗莎：「參考流程 2。」

流程 2（濾波器）

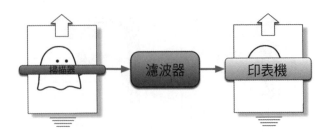

- 掃描器和印表機之間可以插入濾波器。
- 濾波器是一個可以接受十六個十六位元數字，並送出十六個十六位元數字的程式。
- 試著用濾波器變換圖像吧。

由梨：「這是什麼意思呢？」

蒂蒂：「原來如此。剛才是把掃描器和印表機直接連起來，所以印表機印出來的圖像會和掃描器讀取到的圖像完全相同。」

由梨：「就像複印機一樣。」

蒂蒂：「是的。不過，因為印表機會依照接收到的資訊印出圖樣，所以當資訊在傳送途中變換成不同樣子，印出來的圖樣也會不一樣。」

由梨：「變換？」

蒂蒂：「就是改寫資訊，或者說是轉換成別的數。先將掃描器讀取到的資訊送到濾波器，經過濾波器的轉換後，再把資訊送到印表機。印表機只負責把接收到的資訊印出來，不會在意這些資訊是來自掃描器還是來自濾波器。印表機很老實吧。」

由梨：「就算傳過來的資訊是 1111111111111111 也會印出來嗎？」

蒂蒂：「是啊，雖然這樣印出來會是一片黑……」

---

## 2.7　除以 2

麗莎：「這是將數除以 2 後捨去小數的濾波器，DIVIDE2。」

```
1:   program DIVIDE2
2:       k ← 0
3:       while k < 16 do
4:           x ← 〈接收訊息〉
5:           x ← x div 2
6:           〈傳送 x〉
7:           k ← k + 1
8:       end-while
9:   end-program
```

蒂蒂：「因為是濾波器，所以需要〈接收訊息〉，也需要〈傳送 x〉。」

由梨：「那個，x div 2 是除法嗎？」

麗莎：「$x$ div 2 是將 $x$ 除以 2 後捨去小數。」

$$8 \, \text{div} \, 2 = 4 \quad 8 \div 2 = 4 \text{，捨去小數後得到} 4$$
$$7 \, \text{div} \, 2 = 3 \quad 7 \div 2 = 3.5 \text{，捨去小數後得到} 3$$

蒂蒂：「如果 $x$ 是偶數，$x$ div 2 就和一般的除法一樣了。」

由梨：「然後呢？如果把 DIVIDE2 插在中間，會發生什麼事呢？圖會變一半嗎？」

蒂蒂：「來試試看吧！」

　　我們將濾波器 DIVIDE2 插在掃描器和印表機之間，再執行了一次。

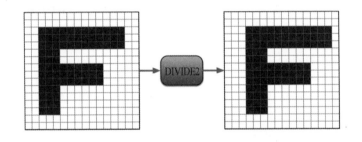

DIVIDE2 **的執行結果**

蒂蒂：「往右移動了一格耶。」

由梨：「沒想到 $x$ div 2 的計算可以讓圖像移動……」

## 2.8 往右移一個位元

麗莎:「用濾波器 RIGHT 將數字往右移動一個位元,得到的結果和 DIVIDE2 一樣。」

```
1:    program RIGHT
2:        k ← 0
3:        while k < 16 do
4:            x ← 〈接收訊息〉
5:            x ← x ≫ 1
6:            〈傳送 x〉
7:            k ← k + 1
8:        end-while
9:    end-program
```

蒂蒂:「$x \gg 1$ 就是往右移動一個位元的意思對吧。」

由梨:「等一下等一下。往右移動一個位元是什麼意思啊?」

麗莎:「將 $x$ 往右移動一個位元,寫成 $x \gg 1$。」

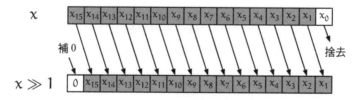

由梨:「哦,就是整個往右平移嘛。」

麗莎：「往右移動一個位元之後，**最高位元要填入 0。**」

蒂蒂：「最高位元就是指最左邊的位元對吧。」

麗莎：「**最低位元會被捨棄。**」

由梨：「$x \operatorname{div} 2$ 和 $x \gg 1$ 一樣嗎？」

蒂蒂：「試著用具體的數字代入吧。我想想看，譬如說用二進位法來表示 8——」

由梨：「寫成二進位會得到 $8 = (1000)_2$ 喔！」

小由梨動了動手指，迅速回答。

蒂蒂：「小由梨算得好快喔！」

由梨：「嘿嘿。」

蒂蒂：「8 除以 2 是 4，如果用二進位法來表示 4——」

由梨：「$4 = (100)_2$。啊，真的耶！真的往右移動了一個位元！」

$$8 = (0000000000001000)_2$$
$$8 \operatorname{div} 2 = 4 = (0000000000000100)_2$$

蒂蒂：「接著來試試看 $x = 7$ 吧。」

$$7 = (0000000000000111)_2$$
$$7 \operatorname{div} 2 = 3 = (0000000000000011)_2$$

由梨：「一樣往右移動了一個位元耶！」

## 2.9 往右移兩個位元

麗莎：「$x \gg n$ 可以一般化。」

蒂蒂：「如果把 $x \gg 1$ 改成 $x \gg 2$，應該就可以往右移動兩個位元了吧。」

麗莎：「使用濾波器 RIGHT2。」

```
1:   program RIGHT2
2:       k ← 0
3:       while k < 16 do
4:           x ← 〈接收訊息〉
5:           x ← x ≫ 2
6:           〈傳送 x〉
7:           k ← k + 1
8:       end-while
9:   end-program
```

　　小麗莎將濾波器切換成 RIGHT2，重新執行。

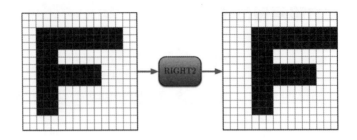

**RIGHT2 的執行結果**

由梨：「嗯嗯，真的移動兩格了耶——，瞭解。」

---

## 2.10　往左移一個位元

蒂蒂：「既然可以往右移動，應該也可以往左移動吧。」

麗莎：「濾波器 LEFT。」

```
1:  program LEFT
2:      k ← 0
3:      while k < 16 do
4:          x ← 〈接收訊息〉
5:          x ← x ≪ 1
6:          〈傳送 x〉
7:          k ← k + 1
8:      end-while
9:  end-program
```

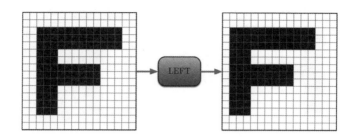

**LEFT 的執行結果**

蒂蒂:「確實往左邊移動了一個位元。」

---

## 2.11 將位元反轉

由梨:「除了左右移動之外,濾波器還可以做什麼呢?」

麗莎:「位元反轉濾波器 COMPLEMENT。」

```
1:   program COMPLEMENT
2:       k ← 0
3:       while k < 16 do
4:           x ← 〈接收訊息〉
5:           x ← x̄
6:           〈傳送 x〉
7:           k ← k + 1
8:       end-while
9:   end-program
```

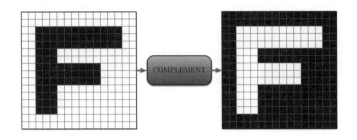

COMPLEMENT 的執行結果

由梨:「喔!白色和黑色倒過來了!」

蒂蒂:「$\bar{x}$ 就是將 $x$ 各個位元的 0 和 1 反轉過來對吧。」

位元反轉(1 的補數)

$$\bar{0} = 1 \qquad 輸入 0,便輸出 1$$

$$\bar{1} = 0 \qquad 輸入 1,便輸出 0$$

麗莎:「將 $x$ 與 $(1111111111111111)_2$ 取『位元單位的邏輯互斥或』,可以得到一樣的結果。」

```
1:   program COMPLEMENT-XOR
2:       k ← 0
3:       while k < 16 do
4:           x ← 〈接收訊息〉
5:           x ← x ⊕ (1111111111111111)₂
6:           〈傳送 x〉
7:           k ← k + 1
8:       end-while
9:   end-program
```

---

### 位元單位的邏輯互斥或

$0 \oplus 0 = 0$ 　　　輸入相同，輸出為 0

$0 \oplus 1 = 1$ 　　　輸入相異，輸出為 1

$1 \oplus 0 = 1$ 　　　輸入相異，輸出為 1

$1 \oplus 1 = 0$ 　　　輸入相同，輸出為 0

---

蒂蒂:「原來如此，所以 $x \oplus 1$ 的結果才會和 $\bar{x}$ 相同。」

麗莎:「只有 $x$ 是一位元數字的時候才會相同。」

| $x$ | $\bar{x}$ | $x \oplus 1$ |
|---|---|---|
| 0 | 1 | 1 |
| 1 | 0 | 0 |

由梨：「如果 $x$ 不是一位元數字呢？」

麗莎：「如果 $x$ 不是一位元數字，$x \oplus 1$ 時只有 $x$ 的最低位元會反轉。」

由梨：「呃⋯⋯」

麗莎：「因為是取『位元單位的邏輯互斥或』，所以只有和 1 做運算的位元會反轉。」

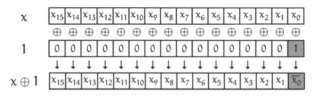

由梨：「啊，原來如此——」

---

## 2.12　點心時間

後來逛得稍微有點累，於是我們便稍做休息，圍在一起吃餅乾。

蒂蒂：「把白色和黑色視為 0 和 1 還真有趣呢。將色塊化為 0 和 1 之後，只靠計算就能改變圖樣了。」

由梨：「除以 2 再捨去小數，居然會和往右移一個位元的結果一樣，讓我覺得很神奇。」

蒂蒂：「因為除以 2 再捨去小數，就和除以 2 並忽略餘數是一樣的意思嘛。」

由梨：「咦，對了，米爾迦大人呢？」

麗莎：「流感。」

由梨：「我哥哥也是！看來真的在流行耶──」

麗莎：「……」

蒂蒂：「……」

麗莎：「再來是小測驗時間。」

由梨：「小測驗！」

## 2.13    將左半邊與右半邊交換

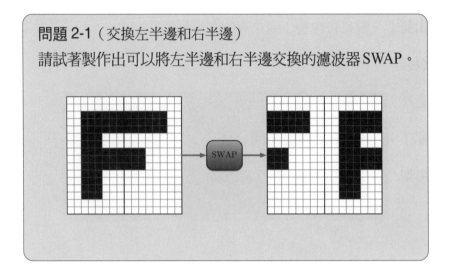

問題 2-1（交換左半邊和右半邊）

請試著製作出可以將左半邊和右半邊交換的濾波器SWAP。

蒂蒂：「交換左邊的八個位元和右邊的八個位元是吧……」

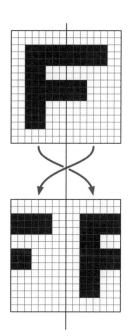

由梨:「剛才有出現過這種問題嗎?」

蒂蒂:「這時候,就要用到波利亞老師的提示了。『有沒有相
    似的問題呢』?」

由梨:「相似的問題……」

蒂蒂:「$x \gg 8$ 可以將左邊的八個位元移到右邊。」

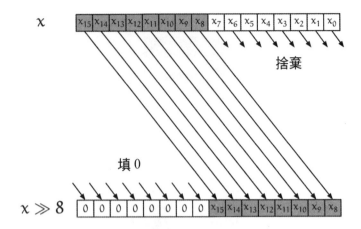

由梨：「但若是這樣，原本在右邊的八個位元就消失了啊！」

蒂蒂：「原本在右邊的八個位元可以用 $x \ll 8$ 移到左邊喔。」

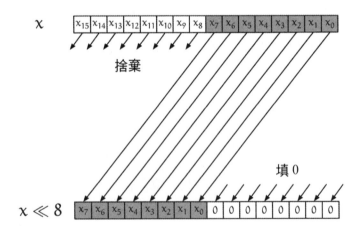

由梨：「我懂了……之後再加起來就行了嘛！加法！」

$$(x \gg 8) + (x \ll 8)$$

麗莎：「也可以用『位元單位的邏輯或』。」

$$(x \gg 8) \mid (x \ll 8)$$

---

位元單位的邏輯或

$0 \mid 0 = 0$ 　　　只有當兩邊都是 0 才會輸出 0
$0 \mid 1 = 1$
$1 \mid 0 = 1$
$1 \mid 1 = 1$

---

解答 2-1（交換左右半邊）

```
1:   program SWAP
2:       k ← 0
3:       while k < 16 do
4:           x ← 〈接收訊息〉
5:           x ← (x ≫ 8) | (x ≪ 8)
6:           〈傳送 x〉
7:           k ← k + 1
8:       end-while
9:   end-program
```

由梨：「用 $(x \gg 8) + (x \ll 8)$ 也行吧？」

蒂蒂：「比較 $x \gg 8$ 和 $x \ll 8$ 的相同位元時，可以知道兩邊至少會有一邊是 $0$，所以 $(x \gg 8) \mid (x \ll 8)$ 和 $(x \gg 8) + (x \ll 8)$ 會一樣。」

$$x \gg 8 \quad \boxed{0}\boxed{0}\boxed{0}\boxed{0}\boxed{0}\boxed{0}\boxed{0}\boxed{0}\boxed{x_{15}}\boxed{x_{14}}\boxed{x_{13}}\boxed{x_{12}}\boxed{x_{11}}\boxed{x_{10}}\boxed{x_9}\boxed{x_8}$$

$$x \ll 8 \quad \boxed{x_7}\boxed{x_6}\boxed{x_5}\boxed{x_4}\boxed{x_3}\boxed{x_2}\boxed{x_1}\boxed{x_0}\boxed{0}\boxed{0}\boxed{0}\boxed{0}\boxed{0}\boxed{0}\boxed{0}\boxed{0}$$

麗莎：「沒有進位就相同。」

由梨：「沒有進位……」

蒂蒂：「如果是一般加法，$(1)_2 + (1)_2 = (10)_2$ 會發生進位，不過如果是『位元單位的邏輯或』，$1 \mid 1 = 1$。一般的加法與位元單位的邏輯只有這點不同，所以只要不發生進位，一般加法與位元單位的邏輯或就會是相同的計算。」

由梨：「啊，原來如此。」

## 2.14　左右翻轉

麗莎：「下一題。」

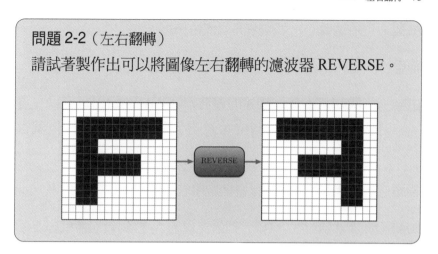

由梨：「我知道，這個簡單！」

蒂蒂：「小由梨好快！」

由梨：「這樣就行了！」

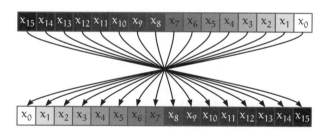

蒂蒂：「是這樣沒錯，不過，濾波器接收到數字後，要怎麼計算才能得到這種左右翻轉的結果呢？」

由梨：「這個嘛……我現在開始想……」

蒂蒂：「嗯……那麼，『有沒有相似的問題呢』？」

由梨：「我知道！就是剛才的濾波器 SWAP，這可以交換左邊八個位元和右邊八個位元對吧？用同樣的方式操作就行了！」

蒂蒂：「如果是 $x \gg n$，只會把數字往右移動 $n$ 位元而已喔。」

由梨：「那就執行 $x \gg 15$，把最左邊的 $x_{15}$ 移到最右邊就好！」

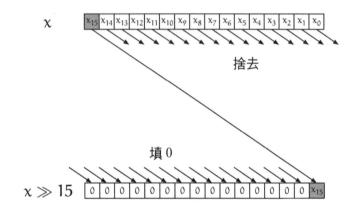

蒂蒂：「沒錯。這樣就翻轉完 $x_{15}$ 了，可是……」

由梨：「接著再執行 $x \gg 13$，就可以將 $x_{14}$ 移到右邊算來第二個位置了。」

蒂蒂：「等一下，這樣會有問題喔。確實，$x_{14}$ 移到了右邊第二個位置，但會剩下 $x_{15}$ 和 $x_{13}$。」

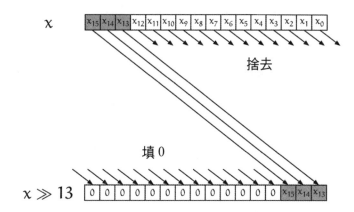

由梨:「這樣啊!要是能只留下 $x_{14}$ 就好了。」

麗莎:「用『位元單位的邏輯與』。」

---

位元單位的邏輯與

$0 \mathbin{\&} 0 = 0$

$0 \mathbin{\&} 1 = 0$

$1 \mathbin{\&} 0 = 0$

$1 \mathbin{\&} 1 = 1$    只有當兩邊都是 1 才會輸出 1

---

蒂蒂:「使用『位元單位的邏輯與』——只有兩邊都是 1 時才會輸出 1……」

由梨:「要怎麼操作呢?」

麗莎:「用 $(0000000000000010)_2$。」

蒂蒂:「我懂了！這樣就可以只保留 $x_{14}$ 了！」

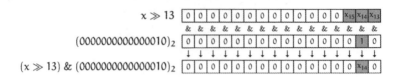

由梨:「只有 1 的位置會被保留下來！原來如此——」

麗莎:「濾波器 REVERSE。」

## 解答 2-2a（左右翻轉）

```
1:    program REVERSE
2:        k ← 0
3:        while k < 16 do
4:            x ← ⟨接收訊息⟩
5:            y ← (0000000000000000)₂
6:            y ← y | ((x ≫ 15) & (0000000000000001)₂)
7:            y ← y | ((x ≫ 13) & (0000000000000010)₂)
8:            y ← y | ((x ≫ 11) & (0000000000000100)₂)
9:            y ← y | ((x ≫  9) & (0000000000001000)₂)
10:           y ← y | ((x ≫  7) & (0000000000010000)₂)
11:           y ← y | ((x ≫  5) & (0000000000100000)₂)
12:           y ← y | ((x ≫  3) & (0000000001000000)₂)
13:           y ← y | ((x ≫  1) & (0000000010000000)₂)
14:           y ← y | ((x ≪  1) & (0000000100000000)₂)
15:           y ← y | ((x ≪  3) & (0000001000000000)₂)
16:           y ← y | ((x ≪  5) & (0000010000000000)₂)
17:           y ← y | ((x ≪  7) & (0000100000000000)₂)
18:           y ← y | ((x ≪  9) & (0001000000000000)₂)
19:           y ← y | ((x ≪ 11) & (0010000000000000)₂)
20:           y ← y | ((x ≪ 13) & (0100000000000000)₂)
21:           y ← y | ((x ≪ 15) & (1000000000000000)₂)
22:           ⟨傳送 y⟩
23:           k ← k + 1
24:       end-while
25:   end-program
```

蒂蒂：「原來如此，就算沒有整理成一行程式碼也可以是嗎
　　　……不過，這程式碼的份量還真大。」

由梨：「不過，因為是二進位法，所以很容易看出規則喔！程
　　　式碼裡面就有著斜斜排列的 1。」

麗莎：「REVERSE-TRICK 是左右翻轉的另解。」

---

**解答 2-2b（左右翻轉）**

```
 1:   program REVERSE-TRICK
 2:       M₁ ← (0101010101010101)₂
 3:       M₂ ← (0011001100110011)₂
 4:       M₄ ← (0000111100001111)₂
 5:       M₈ ← (0000000011111111)₂
 6:       k ← 0
 7:       while k < 16 do
 8:           x ← 〈接收訊息〉
 9:           x ← ((x & M₁) ≪ 1) | ((x ≫ 1) & M₁)
10:           x ← ((x & M₂) ≪ 2) | ((x ≫ 2) & M₂)
11:           x ← ((x & M₄) ≪ 4) | ((x ≫ 4) & M₄)
12:           x ← ((x & M₈) ≪ 8) | ((x ≫ 8) & M₈)
13:           〈傳送 x〉
14:           k ← k + 1
15:       end-while
16:   end-program
```

蒂蒂：「這個……是在做什麼呢？」

麗莎：「用了小技巧。」

由梨：「這個真的能左右翻轉嗎？」

蒂蒂：「從第 2 行開始出現了許多特別的數耶。$M_1$ 是 0 和 1 交替出現，$M_2$ 則是 00 和 11 交替出現。」

由梨：「$M_4$ 是 0000 和 1111 輪流出現，$M_8$ 則是連續八個 0 和連續八個 1 排在一起。」

蒂蒂：「看起來，真正進行翻轉動作的似乎是從第 9 行開始的四個步驟……」

由梨：「蒂蒂學姊，我想知道這個技巧的原理！」

蒂蒂：「這、這個嘛……」

　　我和由梨開始畫起了圖，分析濾波器 REVERSE-TRICK 的作用——結果讓我們大吃了一驚。

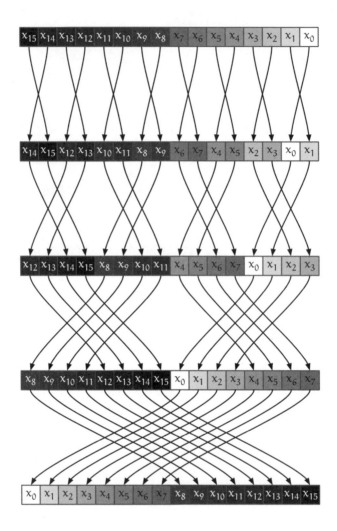

由梨：「太有趣了！」

蒂蒂：「位元交換的單位越來越大了呢。一開始是交換一個位
　　　元單位，再來是兩個，接著是四個、八個……」

由梨：「程式設計真是太有趣了喵！」

## 2.15　濾波器疊加

麗莎：「參考流程 3。」

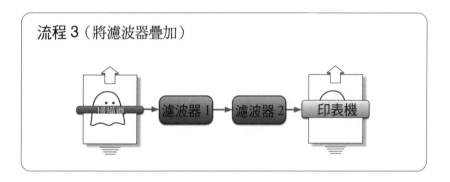

流程 3（將濾波器疊加）

蒂蒂：「原來也可以這樣用啊。」

　　我們試著將兩個 RIGHT 重疊起來。

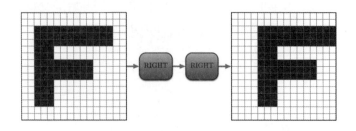

將兩個濾波器 RIGHT 重疊起來

由梨：「這樣就和 RIGHT 一樣了耶。」

蒂蒂：「因為重複了兩次 $x \gg 1$，所以會和 $x \gg 2$ 相同囉。」

## 2.16　兩個輸入的濾波器

麗莎：「參考流程 4。」

流程 4（兩個輸入的濾波器）

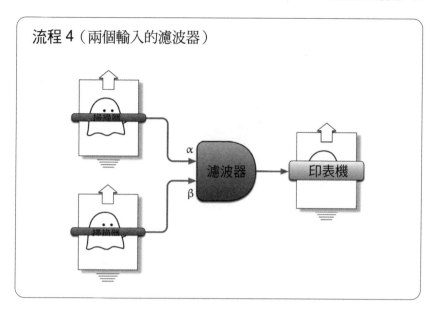

蒂蒂：「原來還可以做出有兩個輸入的濾波器啊！」

麗莎：「有兩個輸入的濾波器，AND 程式。」

```
 1:   program AND
 2:       k ← 0
 3:       while k < 16 do
 4:           a ← 〈從 α 接收訊息〉
 5:           b ← 〈從 β 接收訊息〉
 6:           x ← a & b
 7:           〈傳送 x〉
 8:           k ← k + 1
 9:       end-while
10:   end-program
```

麗莎：「執行。」

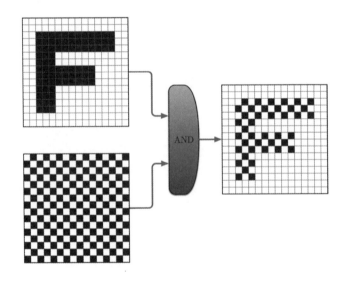

由梨：「居、居然……！」

## 2.17 選取輪廓

由梨:「麗莎姊好厲害!」

麗莎:「……(咳)」

由梨:「還有其他有趣的小測驗嗎?」

麗莎:「有比較難的。」

由梨:「告訴我!」

麗莎:「選取輪廓。」

問題 2-3(選取輪廓)
如圖所示,如果想要「選取圖像輪廓」,應該要用什麼樣的濾波器,在什麼樣的流程下進行呢?

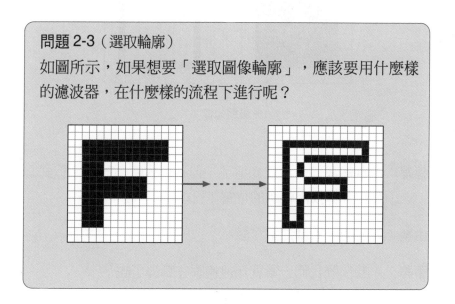

蒂蒂:「原來如此,就是要寫出能選取輪廓的濾波器對吧!」

由梨：「該怎麼辦呢？」

蒂蒂：「『有沒有相似的問題呢』這招還有用嗎？」

由梨：「剛才我們用位元單位的邏輯與，讓數字只留下一個位
　　　元。那我們可以用同樣的方法讓圖像『只留下輪廓』
　　　嗎？」

蒂蒂：「不過，還需要分析輪廓在哪裡才行啊。」

由梨：「不是一看就知道了嗎？」

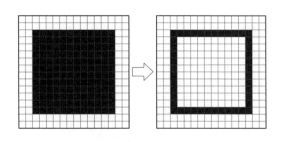

**一看就知道？**

蒂蒂：「雖然我們一看就知道了，但是程式看不見啊。程式必
　　　須藉由計算找出輪廓的位置才行。」

由梨：「明明一看就知道了說。」

蒂蒂：「為什麼我們一看就知道輪廓在哪裡了呢？」

由梨：「因為白色和黑色的交界處就是輪廓嘛。」

蒂蒂：「也就是說，要透過計算知道交界處在哪裡是嗎……？」

由梨：「有相鄰的 0 和 1 的地方就是交界處囉。」

蒂蒂：「是啊……」

　我和由梨停下來想了一下。

由梨：「想不到啦！」

蒂蒂：「等一下。我覺得好像有想到什麼了。應該會用到『位元單位的邏輯與』吧……因為位元單位的邏輯與會進行『只有兩邊都是 1 時才會輸出 1』的計算。」

由梨：「是這樣沒錯啦……」

蒂蒂：「感覺『只有兩邊都是 1 時才會輸出 1』這樣的計算應該可以用在選取輪廓上。」

由梨：「為什麼呢？」

蒂蒂：「小由梨剛才應該是想要留下輪廓吧，如果改成消除內部，會得到什麼結果呢？」

由梨：「『消除內部』……和『留下輪廓』有什麼不一樣嗎？」

麗莎：「定義。」

　小麗莎突然說了話，讓我們嚇了一跳。

蒂蒂：「定義……？啊，說的也是。我都忘了要『回到定義』。要是沒有先定義『內部』和『輪廓』，思路就沒有基礎了。我們說的『內部』，指的是左右兩邊都是 1 的位元。也就是說，連續三個位元中，如果左右兩個位元皆為 1，那麼中央的位元就定義為『內部』。就是這裡！」

由梨：「咦……」

蒂蒂：「『內部』『輪廓』『外部』的定義如下。」

　　『內部』　不論本身為 0 或 1，只要相鄰的兩個位元為 1，即為『內部』。

　　『輪廓』　除了『內部』，本身為 1 的位元，即為『輪廓』。

　　『外部』　除了『內部』，本身為 0 的位元，即為『外部』。

蒂蒂：「接著，只要讓『內部』全部變為 0，就可以得到輪廓了。」

由梨：「咦──聽不懂啦！」

蒂蒂：「別緊張，用一個例子來試試看吧！譬如

$$x = 1001111110001010$$

這個數。會讓人想把『內部』全變為 0 吧？」

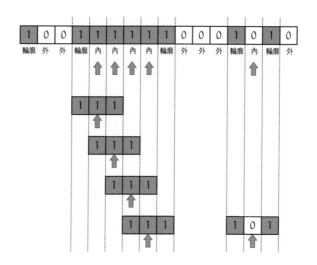

由梨:「原來如此!確實會讓人想把『內部』變成 0 耶!」

蒂蒂:「雖然其中有些位元原本就是 0 啦。無論如何,只要把『內部』轉變成 0,就可以得到輪廓了。」

由梨:「然後呢?要怎麼用計算找出『內部』呢?」

蒂蒂:「『位元單位的邏輯與』是『只有兩邊都是 1 時才會輸出 1』的計算,所以我覺得應該可以用來找出『兩個相鄰位元都是 1』的位元。」

由梨:「用這種方式找出『內部』啊……原來如此喵。」

　　我和小由梨邊思考邊寫出了各種方法。

蒂蒂:「……我知道了!只要求出 $x$ 與 $x \gg 1$,以及 $x$ 與 $x \ll 1$ 的『位元單位的邏輯與』就可以了。這樣就可以知道自己的相鄰位元是否都是 1 了!」

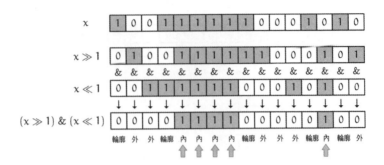

由梨:「可是等一下,蒂蒂學姊。若是這樣,『內部』會變成 1 耶。既然是要消除『內部』,那不是應該要讓『內部』等於 0 才行嗎⋯⋯」

蒂蒂:「把所有位元反轉過來就可以囉!這麼一來,就只有『內部』會是 0。」

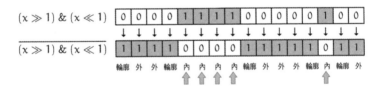

由梨:「啊,這樣不對啦。若是這樣,不只『輪廓』,連『外部』都會變成 1 耶!」

蒂蒂:「沒關係喔。只要再取 $x$ 和位元單位的邏輯與就可以了!若是這樣,『外部』會變成 0,只留下『輪廓』。」

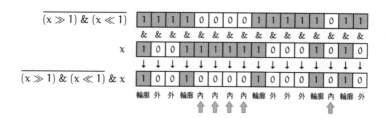

由梨:「蒂蒂學姊好厲害!選取輪廓成功!」

蒂蒂:「終於完成了!」

　我興高采烈地和小由梨擊掌,分享彼此的喜悅。終於成功選取輪廓了!

麗莎:「實際寫出程式碼。」

```
1:   program X-RIM
2:      k ← 0
3:      while k < 16 do
4:          x ← 〈接收訊息〉
5:          x ← ‾(x ≫ 1)‾ & ‾(x ≪ 1)‾ & x
6:          〈傳送 x〉
7:          k ← k + 1
8:      end-while
9:   end-program
```

由梨:「試著跑跑看吧!」

蒂蒂:「抓出輪廓吧!」

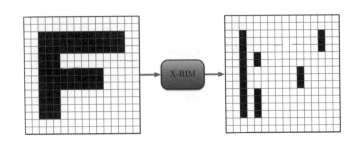

**X-RIM 的執行結果**

由梨：「試著跑跑看了⋯⋯可是⋯⋯」

蒂蒂：「沒有抓到輪廓耶。」

麗莎：「Bug。」

由梨：「完全不對嘛！」

蒂蒂：「⋯⋯不，不是完全不對，我懂了。我們剛才只有考慮到『左右』。可是，選取輪廓的時候，應該要考慮到『上下左右』才行！」

由梨：「咦？」

蒂蒂：「之前說的 X-RIM 的執行結果中，只有完成『選取左右交界處』而已。所以只要再『選取上下交界處』就可以囉。」

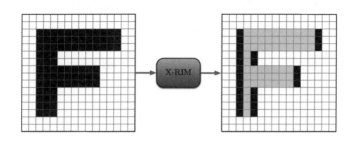

**只有選取到左右交界處**

由梨：「可是這種事辦不到吧。濾波器不是要把收到的資訊變換之後送出嗎？這樣要怎麼找出上下交界處啊⋯⋯？」

蒂蒂：「如果能製作出『往上移動』和『往下移動』的濾波器——」

麗莎：「UP。」

```
 1:   program UP
 2:       x ←〈接收訊息〉
 3:       k ← 0
 4:       while k < 15 do
 5:           x ←〈接收訊息〉
 6:           〈傳送 x〉
 7:           k ← k + 1
 8:       end-while
 9:       〈傳送 (0000000000000000)₂〉
10:   end-program
```

蒂蒂：「——原來如此。因為印表機是由上往下印刷，所以如果要『往上移動』，必須捨棄掉第一個接收的資訊才行。

　　　　然後將接下來接收到的十五個資訊保持原樣送出，最後再
　　　　送出相當於空白的資訊。」

由梨：「也可以用同樣的方式製作出『往下移動』的濾波器
　　　嗎？」

麗莎：「DOWN。」

```
 1:   program DOWN
 2:       〈傳送 (0000000000000000)₂〉
 3:       k ← 0
 4:       while k < 15 do
 5:           x ← 〈接收訊息〉
 6:           〈傳送 x〉
 7:           k ← k + 1
 8:       end-while
 9:       x ← 〈接收訊息〉
10:   end-program
```

蒂蒂：「咦？雖然我們製作出了很多種濾波器，但要怎麼用這
　　　些濾波器來『選取輪廓』呢？把這些全部合起來之後可以
　　　變成一個程式嗎？」

麗莎：「疊加濾波器。」

解答 2-3（選取輪廓）

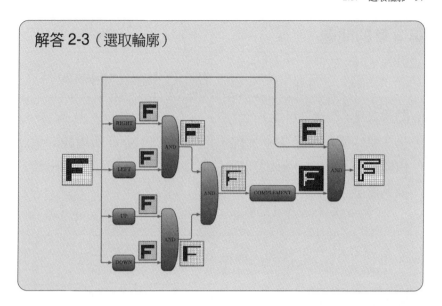

由梨：「咦……？」

蒂蒂：「啊……！」

麗莎：「完成選取輪廓。」

「圖動的時候，點也在動嗎？」

## 第 2 章的問題

---

問題 2-1（有幾種可能）

第 2 章中處理的是由十六列，每列十六個 pixel 所組成的黑白圖像。用這些 pixel 表現黑白圖像時，總共可以表現出幾種圖像呢？

（解答在 p.249）

---

問題 2-2（位元演算）

請用四位數的二進位數表示①～③的位元演算結果。

例 $(\overline{1100})_2 = (0011)_2$

① $(0101)_2 \,|\, (0011)_2$

② $(0101)_2 \,\&\, (0011)_2$

③ $(0101)_2 \oplus (0011)_2$

（解答在 p.250）

## 問題 2-3（製作濾波器 IDENTITY）

試製作出能將接收到的訊息保持原樣送出的濾波器 IDENT-
ITY。將濾波器 IDENTITY 插在掃描器與印表機之間並執行
時，得到的執行結果應如下。

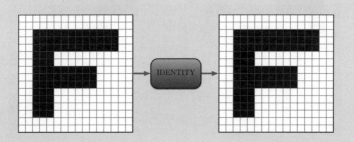

（解答在 p.251）

問題 2-4（製作濾波器 SKEW）

試製作出可產生如下變換的濾波器 SKEW。

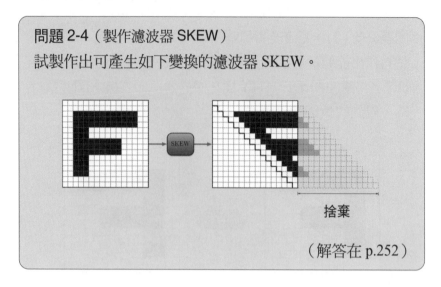

捨棄

（解答在 p.252）

問題 2-5（除法與往右移動）

第 2 章中，蒂蒂用 $x = 8$ 與 $x = 7$ 為例，確認並認同了

$$x \gg 1 = x \operatorname{div} 2$$

這個等式成立（p.62）。試證明這個等式對於任何 $x$ 都會成立。

提示：設 $x = (x_{15}x_{14} \cdots x_0)_2$，並以此解題。

（解答在 p.253）

第 3 章

# 取補數的技巧

「來平分甜甜圈吧。中間的洞給你，其他部分歸我。」

---

## 3.1 我的房間

由梨：「哥哥，你的流感終於好了呢！」

我：「之前可是燒得很嚴重呢。『變幻 pixel』如何呢？」

由梨：「我覺得很棒！可是米爾迦大人也因為流感所以沒去……最後是蒂蒂學姊和麗莎姊帶我看。」

我：「麗莎姊？」

米爾迦是我的同班同學，擅長數學。國中生的由梨很憧憬米爾迦，所以都叫她米爾迦大人。

蒂蒂是我的學妹。之前約好要一起去雙倉圖書館的活動會場，但因為我突然發高燒，沒有和她說一聲，讓我有些不好意思。

再來是擅長程式的電腦少女麗莎。原來由梨叫她麗莎姊啊。

由梨：「麗莎姊雖然不多話，但很親切喔！」

我：「是啊。」

由梨：「我們用掃描器、濾波器、印表機把圖案翻來覆去，用各種計算改變了圖案，還抓出了圖案的輪廓喔。後來我們還去玩一種叫做 Full trip 的東西，用控制器敲敲打打。唉呀，還真想讓哥哥也看一下呢！」

我：「雖然聽不太懂，不過看來妳玩得很開心呢。」

由梨：「對了，麗莎姊給了我一些問題。究竟，哥哥解不解得開這些問題呢？」

我：「問題？」

## 3.2　謎之計算

由梨拿出了像撲克牌一樣大的卡片。

由梨：「鏘鏘！怎麼樣，知道這是什麼計算嗎？」

---

問題 3-1（是什麼計算？）

$$
\begin{array}{cccc}
 & 0\ 0\ 1\ 1 \\
+ & 1\ 0\ 0\ 1 \\
\hline
 & 1\ 1\ 0\ 0 \\
\end{array}
$$

---

我：「是二進位的加法對吧？這是 $3 + 9 = 12$ 喔。」

由梨:「答得真快呢。那請你說明一下吧!」

我:「解說是嗎——

- 0011 是二進位的 3
- 1001 是二進位的 9
- 1100 是二進位的 12

——就是這樣吧。」

由梨:「然後呢?」

我:「二進位的加法和十進位的加法一樣。從最低位開始依序往上加就行了。不過要注意進位的問題。二進位法的計算中,若相加後得到 2 時就要進位。這和十進位法中,相加後得到 10 時就要進位一樣。這個計算中會進位兩次喔。」

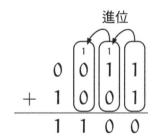

由梨:「嗯嗯?」

我:「所以說,問題 3-1 的計算就是 3 + 9 = 12。」

解答 3-1a（我的解答）

這是 $3 + 9 = 12$ 的計算結果。

$$
\begin{array}{cccc}
0 & 0 & 1 & 1 \\
1 & 0 & 0 & 1 \\
\hline
1 & 1 & 0 & 0
\end{array}
\qquad
\begin{array}{r}
3 \\
+ \quad 9 \\
\hline
12
\end{array}
$$

由梨：「這就是外行人的淺現……淺見啦！」

我：「別吃螺絲啊。外行人的淺見？等等，我驗算一下……答案是對的啊，妳看。」

$$\boxed{0}\boxed{0}\boxed{1}\boxed{1} = \boxed{0} \cdot 2^3 + \boxed{0} \cdot 2^2 + \boxed{1} \cdot 2^1 + \boxed{1} \cdot 2^0$$
$$= 8\boxed{0} + 4\boxed{0} + 2\boxed{1} + 1\boxed{1}$$
$$= 2 + 1$$
$$= 3$$

$$\boxed{1}\boxed{0}\boxed{0}\boxed{1} = \boxed{1} \cdot 2^3 + \boxed{0} \cdot 2^2 + \boxed{0} \cdot 2^1 + \boxed{1} \cdot 2^0$$
$$= 8\boxed{1} + 4\boxed{0} + 2\boxed{0} + 1\boxed{1}$$
$$= 8 + 1$$
$$= 9$$

$$\boxed{1}\boxed{1}\boxed{0}\boxed{0} = \boxed{1} \cdot 2^3 + \boxed{1} \cdot 2^2 + \boxed{0} \cdot 2^1 + \boxed{0} \cdot 2^0$$
$$= 8\boxed{1} + 4\boxed{1} + 2\boxed{0} + 1\boxed{0}$$
$$= 8 + 4$$
$$= 12$$

由梨:「哥哥的計算是對的喔。不過呢,$3 + 9 = 12$ 並不是唯一
正解。因為,1001 這個位元型樣不一定只代表 9 喔!」

我:「如果 1001 不代表 9,還能代表什麼呢?」

由梨:「這裡的 1001 也可以代表 −7 啊!而 1100 也可以代表
−4!這樣得到的計算結果也是對的喔!」

解答 3-1b（由梨的解答）

這可以用來表示 3 + 9 = 12 的計算，但也可以用來表示
3+(−7)=−4 的計算。

$$
\begin{array}{cccc}
& 0\ \ 0\ \ 1\ \ 1 & 3 & 3 \\
& 1\ \ 0\ \ 0\ \ 1 & +\ \ 9 & +\ -7 \\
\hline
& 1\ \ 1\ \ 0\ \ 0 & 12 & -4 \\
\end{array}
$$

我：「1001 這個位元型樣可以表示 −7……這是什麼規則啊？」

由梨：「哥哥的答案是**無符號數**的表示法，由梨的答案則是**有符號數**的表示法。」

我：「原來如此。所以才能用來表示 −7 這種負數啊。」

由梨：「就是這樣。由梨的答案就是用四位元的位元型樣來表示的 2 的**補數表示法**！」

---

## 3.3　2 的補數表示法

我：「2 的補數表示法……應該是麗莎教給妳的吧！那就有請由梨教授解說一下吧！」

由梨：「咳咳……所謂 2 的補數表示法，是一種用位元型樣來表示整數的方法。用 0 和 1 的排列就可以表示負數囉。」

我：「嗯。然後呢？」

由梨：「2 的補數表示法所表示的數字，就是這張表的『有符號數』的部分。」

由梨一邊說著，一邊拿出其他卡片。

## 位元型樣與整數的對應表（四位元）

| 位元型樣 | 無符號數 | 有符號數 |
|---|---|---|
| 0000 | 0 | 0 |
| 0001 | 1 | 1 |
| 0010 | 2 | 2 |
| 0011 | 3 | 3 |
| 0100 | 4 | 4 |
| 0101 | 5 | 5 |
| 0110 | 6 | 6 |
| 0111 | 7 | 7 |
| 1000 | 8 | $-8$ |
| 1001 | 9 | $-7$ |
| 1010 | 10 | $-6$ |
| 1011 | 11 | $-5$ |
| 1100 | 12 | $-4$ |
| 1101 | 13 | $-3$ |
| 1110 | 14 | $-2$ |
| 1111 | 15 | $-1$ |

我：「這種『有符號數』是依據什麼規則決定的呢？從 0 到 7 是沒什麼問題，可是怎麼會突然變成 $-8$ 呢？$-1$ 又為什麼在最後呢……」

由梨：「哥哥在疑惑什麼呢？」

我：「當然是在想這種『有符號數』的規則囉。看到排列在一起的數，自然而然就會想知道其中有什麼規則嘛。這張對應表中，位元型樣是

$$0000, 0001, 0010, 0011, 0100, 0101, 0110, 0111$$

的時候，『無符號數』和『有符號數』表示的是相同整數。也就是 0 到 7。這是最左邊的位元為 0 時的情況。」

| 位元型樣 | 無符號數 | 有符號數 |
|---|---|---|
| 0000 | 0 | 0 |
| 0001 | 1 | 1 |
| 0010 | 2 | 2 |
| 0011 | 3 | 3 |
| 0100 | 4 | 4 |
| 0101 | 5 | 5 |
| 0110 | 6 | 6 |
| 0111 | 7 | 7 |
| ⋮ | ⋮ | ⋮ |

由梨：「是啊。」

我：「不過，位元型樣是

$$1000, 1001, 1010, 1011, 1100, 1101, 1110, 1111$$

的時候，『無符號數』和『有符號數』卻表示不同整數。這是最左邊的位元為 1 的情況。」

由梨：「嗯嗯。」

| 位元型樣 | 無符號數 | 有符號數 |
|:---:|:---:|:---:|
| ⋮ | ⋮ | ⋮ |
| 1000 | 8 | −8 |
| 1001 | 9 | −7 |
| 1010 | 10 | −6 |
| 1011 | 11 | −5 |
| 1100 | 12 | −4 |
| 1101 | 13 | −3 |
| 1110 | 14 | −2 |
| 1111 | 15 | −1 |

我：「所以可以知道『最左邊的位元是 1 時，表示這是一個負數』。」

由梨：「最左邊的位元叫做**最高位元**喔。若最高位元是 1，表示這是負數，所以最高位元也叫做**符號位元**。」

我：「符號位元啊，原來如此！」

由梨：「呵呵。」

我：「這也是小麗莎教妳的嗎？」

由梨：「是啊。不過應該說是麗莎姊和蒂蒂學姊一起教我的才對。」

我：「符號位元為 1 的時候就表示負數，是可以理解……但還是不太能認同啊。」

由梨：「不能認同什麼？」

我：「拿 3 來說，+3 的符號為＋，若將其反轉成－，就變成了

−3。不過,用來表示 3 的是 0011,將它的符號位元反轉之
後會變成 1011,但 1011 卻不是 −3,而是 −5。換言之,
想反轉符號的時候,光是反轉符號位元是不行的。這就是
我不大能認同的地方。」

由梨:「麗莎姊說,想要『反轉符號』的時候,應該要『反轉
所有位元再加1』。」

我:「咦?」

由梨:「譬如說啊,3 是 0011 對吧?把它全部的位元反轉後會
得到 1100,再加上 1 後會得到 1101。在 2 的補數表示法
中,1101 就是表示 −3 的位元型樣。」

0011　　表示 3 的位元型樣。
　↓
1100　　將所有位元反轉。
　↓
1101　　加上 1。這就是表示 −3 的位元型樣。

| 位元型樣 | 無符號數 | 有符號數 |
|---|---|---|
| ⋮ | ⋮ | ⋮ |
| 0011 | 3 | 3 |
| ⋮ | ⋮ | ⋮ |
| 1101 | 13 | −3 |
| ⋮ | ⋮ | ⋮ |

我:「這還真有趣。那試試看 2 吧。2 是 0010,把所有位元反
轉後可以得到 1101,再加上 1 之後會得到 1110。嗯,確實
是表示 −2 的位元型樣。」

0010　　表示 2 的位元型樣。

↓

1101　　將所有位元反轉。

↓

1110　　加上 1。這就是表示 −2 的位元型樣。

| 位元型樣 | 無符號數 | 有符號數 |
|:---:|:---:|:---:|
| ⋮ | ⋮ | ⋮ |
| 0010 | 2 | 2 |
| ⋮ | ⋮ | ⋮ |
| 1110 | 14 | −2 |
| ⋮ | ⋮ | ⋮ |

由梨：「嘿嘿，很厲害吧！反過來也一樣喔。−2 是 1110，將所有位元反轉後得到 0001，加上 1 後是 0010，你看，這樣就變回 2 了。」

1110　　表示 −2 的位元型樣。

↓

0001　　將所有位元反轉。

↓

0010　　加上 1。這就是表示 2 的位元型樣。

我：「……這也是小麗莎告訴妳的嗎？」

由梨：「是啊。不過呢，−8 是例外。−8 是 1000，反轉後會得到 0111，加上 1 後是 1000，又會變回 −8。」

1000　　表示 −8 的位元型樣。

↓

0111　　將所有位元反轉。

↓

1000　　加上 1。這就是表示 −8 的位元型樣。

| 位元型樣 | 無符號數 | 有符號數 |
|:---:|:---:|:---:|
| ⋮ | ⋮ | ⋮ |
| 1000 | 8 | −8 |

我：「原來還有例外啊。不過這麼說也對。因為 −8 在反轉後
　　會得到 8，可是四位元的『有符號數』只能表示到 7，無法
　　表示 8。」

由梨：「不過，除了 −8 以外的數都可以用『反轉所有位元後
　　　再加 1』的方式反轉符號喔。很有趣吧。」

我：「話說回來……為什麼會這樣呢？」

由梨：「咦？」

---

## 3.4　正負號反轉的原因

我：「就是『反轉所有位元後再加 1』這種奇怪的操作可以反
　　轉符號的理由啊。」

由梨：「不知道。下次碰到麗莎姊的時候再問她吧！」

我：「不，這不是詢問答案的問題，而是要人想想看的問題
　　喔。」

由梨：「是這樣嗎？」

我：「為什麼反轉所有位元後再加 1，就能夠反轉符號呢？我在思考這個問題。」

由梨：「從哪裡開始思考？怎麼思考呢？」

我：「所謂的反轉符號，指的是把 $n$ 轉變成 $-n$ 對吧。那麼，$-n$ 是什麼樣的數呢？」

由梨：「什麼樣的數？這是什麼意思啊？」

我：「我們會說什麼樣的數是 $-n$ 呢？就是這個意思。」

由梨：「這問題聽起來好複雜……」

我：「不，很簡單喔。$-n$ 就是和 $n$ 相加後會得到 0 的數。」

$$-n + n = 0$$

由梨：「這不是理所當然嗎……那又怎麼樣呢？」

我：「不，我還是想不透。」

由梨：「昏倒。」

我：「$-n$ 是『和 $n$ 相加後會得到 0 的數』，那麼『相加』又是什麼意思呢……」

由梨：「又是一個聽起來很複雜的問題……相加就是相加啊？」

我：「不，不對喔。我們現在討論的範圍僅限於四位元的數，

和一般的加法不一樣。因為如果發生進位，就可能會超過
四位數不是嗎？」

由梨：「麗莎姊有提過這個，她說這叫做溢位。」

我：「原來這叫溢位啊。」

---

## 3.5　溢位

由梨：「譬如說，1111 和 0001 相加之後會得到 10000，但這樣
會因為溢位而變成五位元的數，無法收合在四個位元內。
你是指這個吧？」

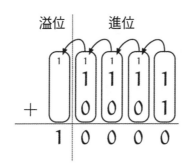

我：「沒錯，就是這個。」

由梨：「麗莎姊說，計算四個位元的時候，因溢位而多出來的
位元可以直接無視。」

我：「無視？」

由梨：「直接無視，只考慮後面四個位元就行了。譬如說『有
符號數』的 1111 是 $-1$，加上 1 之後剛好會得到 0。」

$$
\begin{array}{r}
1\ 1\ 1\ 1 \\
+\ \ \ 0\ 0\ 0\ 1 \\
\hline
1\ 0\ 0\ 0\ 0
\end{array}
\qquad
\begin{array}{r}
-1 \\
+\ \ 1 \\
\hline
0
\end{array}
$$

我：「就是這個！如果計算只限制在四位元的範圍內，我就知道為什麼要這樣設計了！」

由梨：「知道什麼？」

我：「無視溢位時多出來的位元這件事。這麼一來，1111 就是『加上 1 之後會得到 0 的數』。這就是為什麼可以把 1111 這種位元型樣設定為 −1，因為這是『加上 1 之後會得到 0 的數』啊。」

由梨：「咦，等一下喔。若是這樣，−2 也會是『加上 2 之後會得到 0 的數』嗎？」

我：「是啊。因為 1110 加上 0010 之後會得到 10000……」

由梨：「無視溢位時多出來的位元後會得到 0000，真的是 0 耶！」

我：「沒錯。如果無視溢位時多出來的位元，確實都能得到正確答案。」

由梨：「咦，我們現在是在討論『為什麼要將 1111 視為 −1』嗎？」

我：「是啊。」

由梨：「不是在討論『為什麼把 $n$『反轉所有位元後再加 1』』會得到 $-n$』嗎？」

我：「唉呀，是這樣沒錯。我們大概已經掌握了位元型樣的概念了，接下來就用代數來表示吧！」

由梨：「用代數來表示？」

---

## 3.6　反轉所有位元再加 1

我：「假設整數 $n$ 可表示為 $b_3\, b_2\, b_1\, b_0$ 的位元型樣。」

由梨：「因為有四個位元，所以要用四個數。」

我：「沒錯。其中，$b_3, b_2, b_1, b_0$ 都是 0 或 1。」

由梨：「瞭解。然後呢？」

我：「若將位元型樣 $b_3\, b_2\, b_1\, b_0$『反轉所有位元』……」

由梨：「會得到 $\overline{b_3}\ \overline{b_2}\ \overline{b_1}\ \overline{b_0}$ 對吧！」

我：「原來如此，這種表記法真好用。」

$$
\begin{array}{ll}
b_3 b_2 b_1 b_0 & \text{表示 } n \text{ 的位元型樣。}\\
\quad\downarrow & \\
\overline{b_3}\,\overline{b_2}\,\overline{b_1}\,\overline{b_0} & \text{反轉所有位元。}\\
\quad\downarrow & \\
c_3 c_2 c_1 c_0 & \text{加上 1。這就是表示 } -n \text{ 的位元型樣……}
\end{array}
$$

由梨：「那，這個 $c_3 c_2 c_1 c_0$ 又是什麼？」

我：「呃，還不曉得耶。」

由梨：「真是的……」

我：「要說為什麼還不曉得，是因為『進位』這件事很麻煩啊。
$\overline{b_3}\,\overline{b_2}\,\overline{b_1}\,\overline{b_0}$ 加上 1 的時候，我們不曉得會在哪裡發生進位。
所以我們也不曉得『反轉所有位元再加 1』之後會得到什
麼樣的位元型樣。」

由梨：「要是不會發生進位就好了呢。」

我：「別強人所難啦。因為是二進位法，所以如果出現 1 + 1 的
情況就一定會進……位？」

由梨：「嗯？」

我：「如果是 $\overline{b_3}\,\overline{b_2}\,\overline{b_1}\,\overline{b_0} + b_3\,b_2\,b_1\,b_0$，應該不會進位才對……」

由梨：「咦？」

我：「因為 $\overline{b_3}\,\overline{b_2}\,\overline{b_1}\,\overline{b_0}$ 是 $b_3\,b_2\,b_1\,b_0$ 在反轉所有位元後的產物，
所以這兩個數相加時絕對不會發生進位。相加時，這兩個
數的每一個位元都絕對不會出現 1 + 1 的情況對吧。」

由梨：「是啊。而且也不會出現 0 + 0 喔，絕對。」

我：「原來如此！只會出現 0 + 1 和 1 + 0 的情況。所以一定會
得到 1111！」

$$
\begin{array}{ccccc}
 & \overline{b_3} & \overline{b_2} & \overline{b_1} & \overline{b_0} \\
+ & b_3 & b_2 & b_1 & b_0 \\
\hline
 & 1 & 1 & 1 & 1
\end{array}
$$

由梨：「哦哦……」

我：「所以說，以位元型樣表示數時，以下等式會成立。」

$$\overline{b_3}\,\overline{b_2}\,\overline{b_1}\,\overline{b_0} + b_3 b_2 b_1 b_0 = 1111$$

由梨：「是啊。」

我：「我明白了……兩邊都加上 1 時，這個等式會成立！」

$$\underbrace{\overline{b_3}\,\overline{b_2}\,\overline{b_1}\,\overline{b_0} + 1}_{\text{反轉所有位元再加 1}} + b_3 b_2 b_1 b_0 = \underbrace{10000}_{1111+1}$$

由梨：「出現『反轉所有位元再加 1』了！」

我：「這實在很巧妙。將『反轉所有位元再加 1』後得到的數加上 $b_3\,b_2\,b_1\,b_0$，一定會得到 10000。再將溢位的 1 捨去，就可以得到 0000 了！」

由梨：「成功了！所以『反轉所有位元再加 1』真的是 $-n$！」

我：「嗯，將 $b_3\,b_2\,b_1\,b_0$『反轉所有位元再加 1』所得到的四位元數字，就是『與 $b_3\,b_2\,b_1\,b_0$ 相加後會得到 0000』的四位元數字。由此可知，在無視溢位的情況下，反轉 $n$ 的所有位元再加 1，就會得到 $-n$。」

由梨：「『反轉所有位元再加 1』還真是有趣耶。」

我：「反轉所有位元的計算看來很單純，卻很巧妙呢。」

由梨：「啊，反轉所有位元，不就是 $A$ 國和 $B$ 國的差異之處嗎！」

我：「$A$ 國和 $B$ 國是什麼啊？」

由梨：「手勢意義不同的兩個國家[*1]。彎起手指的時候可能代表
　　　0，可能代表 1。」

我：「啊，是這樣沒錯。同一種手勢在兩個國家所代表的兩種
　　位元型樣互為反轉，所以相加後一定不會發生進位，和的
　　所有位元必定等於 1。確實和這裡說的是同一件事。」

由梨：「真痛快！」

我：「嗯……」

由梨：「哥哥不怎麼痛快的樣子耶！」

我：「我在想──我明白為什麼要『無視溢位時多出來的位
　　元』，但這究竟是什麼計算呢？」

由梨：「就是只考慮留下來的位元不是嗎？」

我：「是這樣沒錯，但這是什麼計算呢？」

---

## 3.7　「無視溢位」的意義

由梨：「我不懂哥哥到底在煩惱什麼耶喵。」

我：「譬如說，

$$1111 + 0001 = 10000$$

這樣我就可以理解。因為

$$(1111)_2 + (0001)_2 = (10000)_2$$

---

[*1] 參考第 1 章（p.34）。

不過，如果無視溢位的 1，就會變成

$$1111 + 0001 = 0000$$

這實在是⋯⋯」

由梨：「因為 $-1 + 1 = 0$ 不是嗎？」

我：「如果是『有符號數』是這樣沒錯，但如果是『無符號數』，就會變成 $15 + 1 = 0$ 囉。」

由梨：「16 會變成 0 啊。」

我：「16 會變成 0──啊，我知道了。為什麼沒有馬上想到呢？這其實是以 16 為除數的計算！」

由梨：「以 16 為⋯⋯什麼？」

我：「以 16 為除數的計算。在四位元『無符號數』的加法中，如果無視溢位的位元，就相當於以 16 為除數的計算。」

由梨：「聽起來好難喔，完全不知道是什麼意思。」

我：「所謂以 16 為除數的計算，就是只關注除以 16 後所得餘數的計算，一點都不難喔。」

由梨：「真的嗎？」

## 3.8 以 16 為除數的計算

我：「假設溢位後的五位元數字之位元型樣可以寫成以下的樣子。

$\boxed{a}\boxed{b}\boxed{c}\boxed{d}\boxed{e}$」

由梨：「被無視的位元是 $\boxed{a}$ 嗎？」

我：「沒錯。如果這種位元型樣是用來表示『無符號整數』，則可用 2 的乘冪寫成以下的樣子。」

$$\boxed{a}\boxed{b}\boxed{c}\boxed{d}\boxed{e} = 16\boxed{a} + \underbrace{8\boxed{b} + 4\boxed{c} + 2\boxed{d} + 1\boxed{e}}_{\text{除以 16 後的餘數}}$$

由梨：「真的耶。$\boxed{b}\boxed{c}\boxed{d}\boxed{e}$ 就是除以 16 後的餘數。」

我：「所以說，無視溢位產生的位元，只關注留下來的四個位元，就像是在考慮除以 16 後的餘數一樣。」

由梨：「等一下，有個地方我不懂。我知道 $\boxed{b}\boxed{c}\boxed{d}\boxed{e}$ 是除以 16 後的餘數，但只有在『無符號數』的情況下才是這樣吧。如果是『有符號數』，四個位元可以用來表示正數、零、負數，但除以 16 後的餘數不可能是負的啊……」

我：「沒錯。不過，這其實只是選擇了另一個會得到相同餘數的被除數而已喔。『無符號數』除以 16 的餘數可能是 0, 1, 2, …, 15。」

| 0000 | ⋯ | −48 | −32 | −16 | 0 | 16 | 32 | 48 | ⋯ |
| 0001 | ⋯ | −47 | −31 | −15 | 1 | 17 | 33 | 49 | ⋯ |
| 0010 | ⋯ | −46 | −30 | −14 | 2 | 18 | 34 | 50 | ⋯ |
| 0011 | ⋯ | −45 | −29 | −13 | 3 | 19 | 35 | 51 | ⋯ |
| 0100 | ⋯ | −44 | −28 | −12 | 4 | 20 | 36 | 52 | ⋯ |
| 0101 | ⋯ | −43 | −27 | −11 | 5 | 21 | 37 | 53 | ⋯ |
| 0110 | ⋯ | −42 | −26 | −10 | 6 | 22 | 38 | 54 | ⋯ |
| 0111 | ⋯ | −41 | −25 | −9 | 7 | 23 | 39 | 55 | ⋯ |
| 1000 | ⋯ | −40 | −24 | −8 | 8 | 24 | 40 | 56 | ⋯ |
| 1001 | ⋯ | −39 | −23 | −7 | 9 | 25 | 41 | 57 | ⋯ |
| 1010 | ⋯ | −38 | −22 | −6 | 10 | 26 | 42 | 58 | ⋯ |
| 1011 | ⋯ | −37 | −21 | −5 | 11 | 27 | 43 | 59 | ⋯ |
| 1100 | ⋯ | −36 | −20 | −4 | 12 | 28 | 44 | 60 | ⋯ |
| 1101 | ⋯ | −35 | −19 | −3 | 13 | 29 | 45 | 61 | ⋯ |
| 1110 | ⋯ | −34 | −18 | −2 | 14 | 30 | 46 | 62 | ⋯ |
| 1111 | ⋯ | −33 | −17 | −1 | 15 | 31 | 47 | 63 | ⋯ |

由梨：「這是什麼表？」

我：「這是依照除以 16 後所得之餘數為整數分類的表喔。由最
　　上列開始往下依序是：餘數為 0 的整數被除數、餘數為 1
　　的整數被除數⋯⋯最下面則是餘數為 15 的整數被除數集
　　合。灰色背景的數就是各列的代表數字──也就是餘
　　數。」

由梨：「嗯──」

我：「然後呢。將各列代表選手的範圍稍微移動一下，就可以
　　得到 $-8, -7, -6, \cdots, 7$ 這個範圍。」

| 0000 | ⋯ | −48 | −32 | −16 | 0 | 16 | 32 | 48 | ⋯ |
|------|---|-----|-----|-----|---|----|----|----|---|
| 0001 | ⋯ | −47 | −31 | −15 | 1 | 17 | 33 | 49 | ⋯ |
| 0010 | ⋯ | −46 | −30 | −14 | 2 | 18 | 34 | 50 | ⋯ |
| 0011 | ⋯ | −45 | −29 | −13 | 3 | 19 | 35 | 51 | ⋯ |
| 0100 | ⋯ | −44 | −28 | −12 | 4 | 20 | 36 | 52 | ⋯ |
| 0101 | ⋯ | −43 | −27 | −11 | 5 | 21 | 37 | 53 | ⋯ |
| 0110 | ⋯ | −42 | −26 | −10 | 6 | 22 | 38 | 54 | ⋯ |
| 0111 | ⋯ | −41 | −25 | −9 | 7 | 23 | 39 | 55 | ⋯ |
| 1000 | ⋯ | −40 | −24 | −8 | 8 | 24 | 40 | 56 | ⋯ |
| 1001 | ⋯ | −39 | −23 | −7 | 9 | 25 | 41 | 57 | ⋯ |
| 1010 | ⋯ | −38 | −22 | −6 | 10 | 26 | 42 | 58 | ⋯ |
| 1011 | ⋯ | −37 | −21 | −5 | 11 | 27 | 43 | 59 | ⋯ |
| 1100 | ⋯ | −36 | −20 | −4 | 12 | 28 | 44 | 60 | ⋯ |
| 1101 | ⋯ | −35 | −19 | −3 | 13 | 29 | 45 | 61 | ⋯ |
| 1110 | ⋯ | −34 | −18 | −2 | 14 | 30 | 46 | 62 | ⋯ |
| 1111 | ⋯ | −33 | −17 | −1 | 15 | 31 | 47 | 63 | ⋯ |

由梨：「哦哦──」

我：「以四位元表示的整數在進行加法時，之所以可以無視溢
位的位元，就是因為做了『以 16 為除數的計算』。四位元
的『無符號數』可以表示 0, 1, 2, 3, ⋯, 15；『有符號數』
則會把大於等於 8 的數減去 −16 變為負數。」

## 3.9　謎之算式

由梨：「說到這個，麗莎姊也給了我這個問題。」

> 問題 3-2（謎之算式）
>
> $$n \ \& \ -n$$

我：「$n \ \& \ -n$ 是指……？」

由梨：「你知道這代表什麼嗎喵？」

我：「不不，這裡的 & 是什麼演算子啊？」

由梨：「啊！& 是『位元單位的邏輯與』，像這樣。」

---

位元單位的邏輯與

$$0 \ \& \ 0 = 0$$
$$0 \ \& \ 1 = 0$$
$$1 \ \& \ 0 = 0$$
$$1 \ \& \ 1 = 1 \qquad \text{只有兩邊都是 1 時才會輸出 1}$$

---

我：「原來如此。如果 0 代表偽、1 代表真，『只有兩邊都是 1 時才會輸出 1』就和邏輯與 $\wedge$ 的意思一樣了吧。」

> 邏輯與
>
> 偽 ∧ 偽 = 偽
> 偽 ∧ 真 = 偽
> 真 ∧ 偽 = 偽
> 真 ∧ 真 = 真　　　只有兩邊都是真時才會輸出真

由梨：「雖然是這樣沒錯，但要一個個位元分開計算才行。」

我：「舉例來說，1100 & 1010 = 1000 對吧。只有同位置的位元都是 1 的時候，計算結果才會是 1 沒錯吧。」

$$
\begin{array}{r}
1\ 1\ 0\ 0 \\
\&\ \ 1\ 0\ 1\ 0 \\
\hline
1\ 0\ 0\ 0
\end{array}
$$

由梨：「就是這樣。那你覺得 $n$ & $-n$ 是什麼意思呢？」

我：「$-n$ 是將 $n$『反轉所有位元再加 1』對吧？」

由梨：「是啊，所以你知道答案了嗎？」

我：「總之，大概知道該怎麼做囉。」

由梨：「哦，已經知道答案了啊！」

我：「怎麼可能。我想先『用較小的數試試看』，一開始先舉幾個例子來試試看，不然再怎麼想都沒用。譬如說，假設 $n = 0110$，那麼 $-n$ 就是將所有位元反轉後再加上 1，也就

是 1010。

$$n = 0110$$
$$-n = 1010$$

接著計算 $n$ & $-n$ = 0110 & 1010──

$$
\begin{array}{r}
0\ 1\ 1\ 0 \\
\&\ 1\ 0\ 1\ 0 \\
\hline
0\ 0\ 1\ 0
\end{array}
$$

──所以 $n$ = 0110 時，$n$ & $-n$ = 0010。但那又怎麼樣呢？」

由梨：「哥哥！你知道 $n$ & $-n$ 代表什麼了嗎？」

我：「我只試過 $n$ = 0110 而已，還什麼都不知道啦。小麗莎有告訴妳答案了嗎？」

由梨：「當然囉！其實啊，$n$ & $-n$ 代表──」

我：「等一下！不用那麼快告訴我答案，讓我想一下。」

由梨：「什麼嘛！」

我：「再來想想看 $n$ = 0000 的情況吧。$n$ 和 $-n$ 都是 0000，所以位元單位的邏輯與也是 0000。也就是說，$n$ = 0000 時，$n$ & $-n$ = 0000。」

求 $n$ & $-n$（$n = 0000$ 時）

$$
\begin{array}{r}
0\ \ 0\ \ 0\ \ 0 \\
\&\ \ 0\ \ 0\ \ 0\ \ 0 \\
\hline
0\ \ 0\ \ 0\ \ 0
\end{array}
$$

由梨：「吶—吶—……」

我：「再來是 $n = 0001$，這時 $-n = 1111$，所以位元單位的邏輯
　　與是 0001。」

求 $n$ & $-n$（$n = 0001$ 時）

$$
\begin{array}{r}
0\ \ 0\ \ 0\ \ 1 \\
\&\ \ 1\ \ 1\ \ 1\ \ 1 \\
\hline
0\ \ 0\ \ 0\ \ 1
\end{array}
$$

由梨：「……吶——，哥哥你知道了嗎？」

　　我把一直想說出答案的由梨先放在一邊，自顧自地開始計
算 $n = 0000, 0001, \cdots$ 等情況。

| n | −n | n & −n |
|------|------|--------|
| 0000 | 0000 | 0000 |
| 0001 | 1111 | 0001 |
| 0010 | 1110 | 0010 |
| 0011 | 1101 | 0001 |
| 0100 | 1100 | 0100 |
| 0101 | 1011 | 0001 |
| 0110 | 1010 | 0010 |
| 0111 | 1001 | 0001 |
| 1000 | 1000 | 1000 |
| ⋮ | ⋮ | ⋮ |

我：「……」

由梨：「知道了嗎？」

我：「果然『用較小的數試試看』是正確的。我大概抓到規則
囉。除了 $n = 0000$ 之外，$n \& -n$ 只有一個位元會是 1！」

| n | −n | n & −n |
|------|------|------|
| 0000 | 0000 | 0000 |
| 0001 | 1111 | 0001 |
| 0010 | 1110 | 0010 |
| 0011 | 1101 | 0001 |
| 0100 | 1100 | 0100 |
| 0101 | 1011 | 0001 |
| 0110 | 1010 | 0010 |
| 0111 | 1001 | 0001 |
| 1000 | 1000 | 1000 |
| ⋮ | ⋮ | ⋮ |

由梨：「我說哥哥啊，回答得乾脆一點啦！」

我：「？」

由梨：「說出『n 和 −n 就是什麼什麼！』之類的答案。」

我：「別強人所難啦……」

　　我仔細看著這張表。n & −n 究竟代表著什麼呢？

由梨：「吶吶吶，吶—吶—！我可以說答案了嗎？」

我：「不不不，再等一下……」

　　對一個整數來說，其位元型樣中只有一個位元是 1 有什麼意義呢……對了，因為寫成二進位的數之後，只有一個位數是 1，所以這個數就是「2 的乘冪」，可以寫成 $2^m$ 的形式。嗯，不能只看這張表，把它重新寫成十進位的數吧。仔細比較一下 n 這個數和 n & −n 得到的數……

| $n$ | $n \& -n$ | $n$ | $n \& -n$ |
|------|------|------|------|
| 0000 | 0000 | 0 | 0 |
| 0001 | 0001 | 1 | 1 |
| 0010 | 0010 | 2 | 2 |
| 0011 | 0001 | 3 | 1 |
| 0100 | 0100 | 4 | 4 |
| 0101 | 0001 | 5 | 1 |
| 0110 | 0010 | 6 | 2 |
| 0111 | 0001 | 7 | 1 |
| 1000 | 1000 | 8 | 8 |
| 1001 | 0001 | 9 | 1 |
| 1010 | 0010 | 10 | 2 |
| 1011 | 0001 | 11 | 1 |
| 1100 | 0100 | 12 | 4 |
| 1101 | 0001 | 13 | 1 |
| 1110 | 0010 | 14 | 2 |
| 1111 | 0001 | 15 | 1 |

我：「我知道囉。若是整理成這個形式就很清楚了。」

$n = 0$ 時，$n \& -n = 0$。

$n = 1, 3, 5, 7, 9, 11, 13, 15$ 時，$n \& -n = 1$。

$n = 2, 6, 10, 14$ 時，$n \& -n = 2$。

$n = 4, 12$ 時，$n \& -n = 4$。

$n = 8$ 時，$n \& -n = 8$。

由梨：「……？」

我：「答案就是這樣，由梨。」

解答 3-2a（我的答案）

對於整數 $n$，以下等式成立。

$$n \,\&\, -n = \begin{cases} 0 & n=0 \text{ 時} \\ 2^m & n \neq 0 \text{ 時} \end{cases}$$

其中，$m$ 為大於等於 0 的整數，並滿足以下等式

$$n = 2^m \cdot \text{奇數}$$

由梨：「咦？什麼意思呢？」

我：「就是這個意思啊。假設整數 $n$ 不是 0，那麼 $n$ 就可以寫成『2 的乘冪』與『奇數』的乘積如下。

$$n = \underbrace{2^m}_{2 \text{ 的乘冪}} \cdot \text{奇數}$$

$2^m$ 就是『2 的乘冪』。將 $n$ 質因數分解後，會得到其中一項是 2 的某某次方，可寫成 $2^m$ 的形式。而我們想研究的謎之算式 $n \,\&\, -n$，便會等於這個 $2^m$，也就是說，

$$n \,\&\, -n = 2^m$$ 」

由梨：「等等，我聽不懂聽不懂啦！」

我：「$n \,\&\, -n$ 就是『2 的乘冪』中，可以整除整數 $n$ 的最大者。看一下具體的例子就很清楚囉，像這樣——」

$n=1$ 時，$2^0=1$ 可以整除 $n$，但 $2^1=2$ 卻無法整除 $n$。（以下同，僅數字改變）

```
n =  1 時 2⁰ = 1  ，可以整除 n，但 2¹ =  2 卻無法整除 n。
n =  2 時 2¹ = 2  ，可以整除 n，但 2² =  4 卻無法整除 n。
n =  3 時 2⁰ = 1  ，可以整除 n，但 2¹ =  2 卻無法整除 n。
n =  4 時 2² = 4  ，可以整除 n，但 2³ =  8 卻無法整除 n。
n =  5 時 2⁰ = 1  ，可以整除 n，但 2¹ =  2 卻無法整除 n。
n =  6 時 2¹ = 2  ，可以整除 n，但 2² =  4 卻無法整除 n。
n =  7 時 2⁰ = 1  ，可以整除 n，但 2¹ =  2 卻無法整除 n。
n =  8 時 2³ = 8  ，可以整除 n，但 2⁴ = 16 卻無法整除 n。
n =  9 時 2⁰ = 1  ，可以整除 n，但 2¹ =  2 卻無法整除 n。
n = 10 時 2¹ = 2  ，可以整除 n，但 2² =  4 卻無法整除 n。
n = 11 時 2⁰ = 1  ，可以整除 n，但 2¹ =  2 卻無法整除 n。
n = 12 時 2² = 4  ，可以整除 n，但 2³ =  8 卻無法整除 n。
n = 13 時 2⁰ = 1  ，可以整除 n，但 2¹ =  2 卻無法整除 n。
n = 14 時 2¹ = 2  ，可以整除 n，但 2² =  4 卻無法整除 n。
n = 15 時 2⁰ = 1  ，可以整除 n，但 2¹ =  2 卻無法整除 n。
```

由梨：「……」

我：「於是我們可以得到數列 $1, 2, 1, 4, 1, 2, 1, \cdots$，這個 $2^m$ 就是 $n \mathbin{\&} -n$ 的真身！」

| n | $= 2^m \cdot$ 奇數 | $2^m$ | n & $-$n |
|---|---|---|---|
| 1 | $= 2^0 \cdot 1$ | $2^0 = 1$ | 1 |
| 2 | $= 2^1 \cdot 1$ | $2^1 = 2$ | 2 |
| 3 | $= 2^0 \cdot 3$ | $2^0 = 1$ | 1 |
| 4 | $= 2^2 \cdot 1$ | $2^2 = 4$ | 4 |
| 5 | $= 2^0 \cdot 5$ | $2^0 = 1$ | 1 |
| 6 | $= 2^1 \cdot 3$ | $2^1 = 2$ | 2 |
| 7 | $= 2^0 \cdot 7$ | $2^0 = 1$ | 1 |
| 8 | $= 2^3 \cdot 1$ | $2^3 = 8$ | 8 |
| 9 | $= 2^0 \cdot 9$ | $2^0 = 1$ | 1 |
| 10 | $= 2^1 \cdot 5$ | $2^1 = 2$ | 2 |
| 11 | $= 2^0 \cdot 11$ | $2^0 = 1$ | 1 |
| 12 | $= 2^2 \cdot 3$ | $2^2 = 4$ | 4 |
| 13 | $= 2^0 \cdot 13$ | $2^0 = 1$ | 1 |
| 14 | $= 2^1 \cdot 7$ | $2^1 = 2$ | 2 |
| 15 | $= 2^0 \cdot 15$ | $2^0 = 1$ | 1 |

由梨：「和由梨的答案不一樣……」

我：「由梨的答案是什麼呢？」

由梨：「就是這個，是麗莎姊告訴我的。」

---

**解答 3-2b**（由梨的答案）

$n$ & $-n$ 會等於

　「只留下 $n$ 最右邊的 1」

的位元型樣。

我：「只留下最右邊的 1 是什麼意思呢？」

由梨：「就是這個意思啊。舉例來說，假設 $n = 0110$ 好了，只保留 01 1 0 最右邊的 1，其他全改為 0，這樣就會得到 00 1 0 了！列成表就像這樣。」

| $n$ | 0000 | 0001 | 0010 | 0011 | 0100 | 0101 | 0110 | 0111 |
|---|---|---|---|---|---|---|---|---|
| $n$ & $-n$ | 0000 | 0001 | 0010 | 0001 | 0100 | 0001 | 0010 | 0001 |

| $n$ | 1000 | 1001 | 1010 | 1011 | 1100 | 1101 | 1110 | 1111 |
|---|---|---|---|---|---|---|---|---|
| $n$ & $-n$ | 1000 | 0001 | 0010 | 0001 | 0100 | 0001 | 0010 | 0001 |

我：「真的耶。」

由梨：「哥哥的答案和由梨的答案哪個是對的啊？」

我：「嗯……不不，我的答案和由梨的答案都正確。雖然說的方式不同，但都是說同一件事。」

由梨：「可是看起來完全不一樣耶。」

我：「我的答案著重在 $n$ 可以整除什麼樣的數，關注的是**數值**；由梨的答案則是位元型樣的**性質**。所以看起來才會很不一樣喔。」

由梨：「咦，是這樣啊——」

我：「是這樣啊。$n$ 的位元型樣中『最右邊的 1』是什麼意思呢？」

由梨：「就是從位元型樣的右邊開始算起，第一個碰到的 1。」

我：「是啊。至於『只留下 $n$ 最右邊的 1』，則是將各種位元型樣依照以下方式處理

$$
\begin{array}{cccc}
\text{***1} & \text{**10} & \text{*100} & \text{1000} \\
\downarrow & \downarrow & \downarrow & \downarrow \\
\text{0001} & \text{0010} & \text{0100} & \text{1000}
\end{array}
$$

得到最後結果。」

由梨：「嗯，這我懂。＊就是 0 或 1 對吧？」

我：「沒錯。而且，最後得到的位元型樣所代表的數值，會與這個式子

$$n = 2^m \cdot \text{奇數}$$

中的 $2^m$ 相等。」

由梨：「嗚──為什麼呢？」

我：「把位元型樣想成是 ⓐⓑⓒⓓ 就可以理解囉！」

$$\boxed{a}\boxed{b}\boxed{c}\boxed{1} = 8\boxed{a} + 4\boxed{b} + 2\boxed{c} + 1\boxed{1}$$

$$= \underbrace{1}_{2^0} \cdot (\underbrace{8\boxed{a} + 4\boxed{b} + 2\boxed{c} + 1\boxed{1}}_{\text{奇數}})$$

$$\boxed{a}\boxed{b}\boxed{1}\boxed{0} = 8\boxed{a} + 4\boxed{b} + 2\boxed{1} + 1\boxed{0}$$

$$= \underbrace{2}_{2^1} \cdot (\underbrace{4\boxed{a} + 2\boxed{b} + 1\boxed{1}}_{\text{奇數}})$$

$$\boxed{a}\boxed{1}\boxed{0}\boxed{0} = 8\boxed{a} + 4\boxed{1} + 2\boxed{0} + 1\boxed{0}$$

$$= \underbrace{4}_{2^2} \cdot (\underbrace{2\boxed{a} + 1\boxed{1}}_{\text{奇數}})$$

$$\boxed{1}\boxed{0}\boxed{0}\boxed{0} = 8\boxed{1} + 4\boxed{0} + 2\boxed{0} + 1\boxed{0}$$

$$= \underbrace{8}_{2^3} \cdot (\underbrace{1\boxed{1}}_{\text{奇數}})$$

由梨：「就是要盡可能把 2 提出來對吧！瞭解！」

我：「沒錯沒錯！」

---

## 3.10 有無限個位元的位元型樣

由梨：「啊，不對，剛才的不算。不瞭解！」

我：「昏倒。哪裡不瞭解呢？」

由梨：「我知道哥哥的答案和由梨的答案相同了，但為什麼 $n \,\&\, -n$ 會變成 $n = 2^m \cdot$ 奇數的 $2^m$ 呢？」

我：「要從那裡開始講起嗎？我不是列出 $n = 0, 1, 2, 3, \cdots, 15$ 的情況了嗎？」

由梨：「可是這只有列出四位元的情況吧。」

我：「……」

由梨：「從小小的 $n$ 開始嘗試是沒什麼問題，但如果 $n$ 很大的時候，答案還會是 $2^m$ 嗎？哥哥不是也常說『要是沒有證明的話，就只是猜想』嗎？」

我：「確實如此。要是沒有證明，就只是猜想。」

由梨：「哥哥提到了 $n = 2^m \cdot$ 奇數這個式子。但我們還是不曉得『$n \& -n$ 的結果，會等於 $2^m$』在不是四位元的情況下是否會成立啊。」

我：「由梨說得對。既然如此，拿掉四位元的限制應該就可以了。譬如說，假設這個數的左邊是**有無限個位元的位元型樣**。」

由梨：「有無限個位元的位元型樣！？」

我：「嗯，譬如說，我們可以考慮一個這樣的位元型樣。

$$n = \cdots 0000000000000010011101000000$$」

由梨：「哦哦——！」

我：「將 $n$ 的所有位元反轉後可得到 $\bar{n}$ 的位元型樣如下。」

$$n = \cdots 0000000000000010011101000000$$
$$\bar{n} = \cdots 1111111111111101100010111111$$

由梨：「原來如此。左邊的『無限個 0』在反轉後會變成『無限個 1』。」

我：「是啊。看一下最右邊吧。$n$ 最右邊的『0 之隊列』全都變成了『1 之隊列』。在這個例子中，右端的 000000 變成了 111111。」

$$n = \cdots 0000000000000010011101\boxed{000000}$$
$$\bar{n} = \cdots 1111111111111101100010\boxed{111111}$$

由梨：「嗯……」

我：「這裡再將 $\bar{n}$ 加上 1，就會變成 $-n$ 的位元型樣了，此時會發生進位。」

由梨：「將 $\bar{n}$ 加上 1 之後，會發生連續進位耶。」

我：「沒錯。$\bar{n}$ 右端有多少個連續的 1，就會連續進位多少位。」

$$n = \cdots 0000000000000010011\boxed{101}000000$$
$$\bar{n} = \cdots 111111111111110110001\boxed{0}111111$$
$$-n = \bar{n} + 1 = \cdots 1111111111111011000\boxed{1}1000000$$

停止進位處

由梨：「這樣啊……」

我：「而『停止進位處』就位於

　　$\overline{n}$ 從右端算起的第一個 0

　　換言之，就是

　　$n$ 從右端算起的第一個 1 對吧。」

由梨：「出現<u>最右邊的</u> 1 了！」

我：「計算 $n$ 與 $-n$ 的位元單位的邏輯與——」

由梨：「得到的結果中，只有『停止進位處』會是 1！」

$$n = \cdots 0000000000000010011101000000$$

$$-n = \overline{n} + 1 = \cdots 1111111111111101100011000000$$

$$n \,\&\, -n = \cdots 0000000000000000000001000000$$

我：「沒錯。在『停止進位處』左邊的位元，會與反轉後的同一位元取 & ，故全都會變成 0。」

由梨：「嗯嗯。」

我：「而『停止進位處』右邊的位元全都因為進位而變成了 0，故取 & 之後全都會是 0。」

由梨：「所以，$n \,\&\, -n$ 只會留下最右邊的 1！」

我：「是啊。」

由梨：「麗莎姊好厲害！」

我：「咦？」

由梨：「咦？」

「來平分我們兩人吧。我以外的部分給你，其他部分歸我。」

## 第 3 章的問題

問題 3-1（以五個位元表示整數）
試製作「位元型樣與整數的對應表（四位元）」（p.108）
的五位元版本。

| 位元型樣 | 無符號數 | 有符號數 |
|---|---|---|
| 00000 | 0 | 0 |
| 00001 | 1 | 1 |
| 00010 | 2 | 2 |
| 00011 | 3 | 3 |
| ⋮ | ⋮ | ⋮ |

（解答在 p.255）

問題 3-2（以八位元表示整數）

下表為「位元型樣與整數的對應表（八位元）」的一部分。
請將數字填入空格。

| 位元型樣 | 無符號數 | 有符號數 |
|---|---|---|
| 00000000 | 0 | 0 |
| 00000001 | 1 | 1 |
| 00000010 | 2 | 2 |
| 00000011 | 3 | 3 |
| ⋮ | ⋮ | ⋮ |
| ☐ | 31 | ☐ |
| ☐ | 32 | ☐ |
| ⋮ | ⋮ | ⋮ |
| 01111111 | ☐ | ☐ |
| 10000000 | ☐ | ☐ |
| ⋮ | ⋮ | ⋮ |
| ☐ | ☐ | −32 |
| ☐ | ☐ | −31 |
| ⋮ | ⋮ | ⋮ |
| 11111110 | ☐ | ☐ |
| 11111111 | ☐ | ☐ |

（解答在 p.257）

問題 3-3（2 的補數表示法）

2 的補數表示法可以用四個位元來表示滿足以下不等式的所有整數 $n$。

$$-8 \leqq n \leqq 7$$

設當有 $N$ 個位元，2 的補數表示法可用來表示某一範圍內的整數 $n$。試用同樣的不等式來表示這個範圍。其中，$N$ 為正整數。

（解答在 p.259）

問題 3-4（溢位）

以四個位元來表示無符號整數。試問，這些整數中，有幾個在「反轉所有位元再加 1」之後，會出現溢位狀況呢？

（解答在 p.260）

問題 3-5（符號反轉後仍不變的位元型樣）

在四位元的位元型樣中，經過「反轉所有位元再加 1，並忽略溢位的位元」這樣的操作後，有哪些位元型樣不會改變呢？

（解答在 p.260）

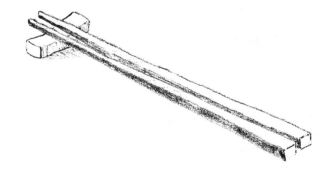

第 4 章

# Flip trip

「背面的背面就是正面嗎？」

## 4.1 雙倉圖書館

這裡是雙倉圖書館。

今天我被米爾迦叫來這裡。「變幻 pixel」活動已經結束了，各種展覽品應該都會被撤下來。事實上，大門附近也確實沒什麼人……

進入會場大廳以後，我看到了一個很大的螢幕，螢幕上顯示著像是黑白棋的圖案。

米爾迦站在螢幕前面操作控制器，麗莎也在她旁邊。

黑色長髮的米爾迦、一頭紅髮的麗莎。兩人抬頭看著螢幕。

我：「妳們在做什麼呢？」

米爾迦：「唉呀。」

　　機器響起了錯誤音效，螢幕上顯示出「ERROR！」字樣。

ERROR！

麗莎：「專注力不足。」

米爾迦：「剛好他來了，就休息一下吧。」

　　米爾迦對麗莎這麼說，並對我微笑了一下。

我：「妳們兩個在玩遊戲啊。」

米爾迦：「不，這是一人用遊戲。**Flip trip**。規則很簡單，卻很
　　有趣。」

我：「Flip trip？」

米爾迦：「我沒參加『變幻 pixel』活動，你也沒參加到吧？所
　　以我請麗莎把器材帶出來，一起來玩玩看吧！」

麗莎：「麻煩。」

　　雖然嘴巴上說麻煩，但若由麗莎來說，聽起來實在不像覺
得麻煩的樣子。此時麗莎正在確認可動式推車上的電腦與控制
器之間的連接裝置，我則走向麗莎。

我：「我聽由梨說過『變幻 pixel』的事囉。她說小麗莎告訴她
　　很多和電腦有關的事，她覺得很高興。」

麗莎：「不要加『小』。我沒說什麼。」

　　麗莎用沙啞的聲音說著，輕輕咳了一聲。

---

## 4.2　Flip trip

我：「那麼，Flip trip 是什麼遊戲呢？」

米爾迦：「有八個棋子的『Flip trip 8』太難了，先從四個棋子
　　開始吧，也就是『Flip trip 4』。」

麗莎：「說明板。」

Flip trip 4 的說明（基本操作）

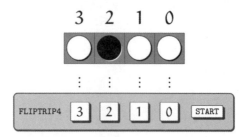

- 盤面上有四個**棋子**。正面是白色、背面是黑色。
- 棋子上有 3, 2, 1, 0 的編號。
- 按下 START 鈕後，棋子會<u>全變成白色</u>。
- 控制器上有四個**反轉按鈕**。
- 反轉按鈕上有 3, 2, 1, 0 的編號。
- 按下反轉按鈕後，對應的棋子就會<u>黑白反轉</u>。

我：「咦？」

麗莎：「控制器在這裡。」

　　我從麗莎那裡接下 Flip trip 4 的控制器，並按下開始鈕。
於是，螢幕上出現了四個白棋。

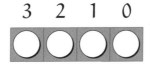

按下開始鈕

3 2 1 0

我：「按下反轉鈕就能讓黑白反轉對吧。譬如說，如果按下反轉鈕 1，就會變成白白黑白是嗎？」

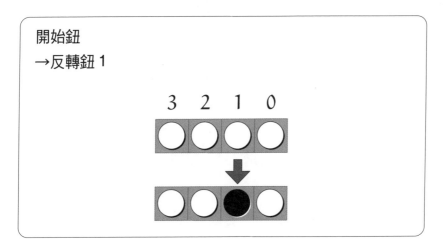

開始鈕
→反轉鈕 1

3 2 1 0

麗莎：「白白黑白。」

我：「沒錯。那如果再按下反轉鈕 0，會變成白白黑黑嗎？」

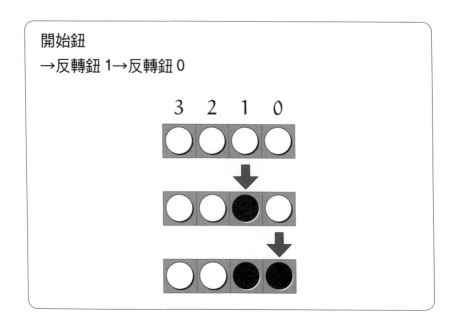

米爾迦：「如果原本是白棋，就會變成黑棋，原本是黑棋就會變成白棋。」

我：「那麼，如果再按一次反轉鈕 0，就會變回白白黑白了吧。」

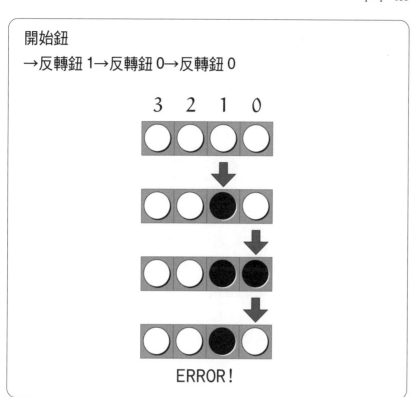

開始鈕

→反轉鈕 1→反轉鈕 0→反轉鈕 0

3  2  1  0

ERROR！

我按下反轉鈕 0，使盤面變回白白黑白。

但此時錯誤音效響起，畫面上顯示了 ERROR！。

我：「咦，怎麼出現 ERROR 呢？」

米爾迦：「規則上說，**若出現兩次相同樣式就會 ERROR**。從你按下開始鈕起，已經出現過一次白白黑白了，剛才又出現了一次白白黑白，所以才會 ERROR。」

麗莎：「說明板。」

Flip trip 4 的說明（ERROR 與 Full trip）

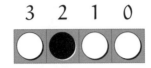

- 按下開始鈕之後，接下來按出的樣式都會被記錄下來。
- 按下反轉鈕後，如果按出曾出現過的樣式，就會顯示 ERROR，遊戲結束。
  即代表玩家輸了這場遊戲。
- 如果能按出所有樣式，就達成了 Full trip，遊戲結束。
  即代表玩家贏了這場遊戲。

我：「原來如此，是這樣的規則啊。要是按出曾出現過的樣式就輸了⋯⋯也就是說，這個遊戲是要人藉由反轉按鈕按出所有由白與黑組成的樣式，但不能重複出現相同樣式對吧。」

米爾迦：「簡單來說是這樣沒錯。」

我：「剛才的操作過程是

白白白白→白白黑白→白白黑黑→白白黑白

白白黑白出現了兩次，所以才會 ERROR 啊……」

麗莎：「禁止重複樣式。」

我開始思考要怎麼操作才能贏。

我：「有四個棋子，每個棋子都有黑或白兩種可能，所以一共
有 $2^4 = 16$ 種樣式。

$$\underbrace{2 \times 2 \times 2 \times 2}_{4\text{ 個}} = 2^4 = 16$$

看來，為了不要出現重複的樣式，得將之前出現過的樣式
都記起來才行呢。」

米爾迦：「如果記得起來的話。」

我：「啊，不用記起來也沒關係。只要依照二進位法將數字一
個個數下去就可以了。」

米爾迦：「什麼意思呢？」

米爾迦困惑的詢問。

我：「假設白棋是 0、黑棋是 1，那麼四個棋子的排列樣式，就
相當於二進位法中的四位數了對吧，有四個位元。既然如
此，只要像數數一樣，

$$0000 \rightarrow 0001 \rightarrow 0010 \rightarrow 0011 \rightarrow 0100 \rightarrow 0101 \rightarrow \ldots$$

依照這樣的順序改變位元型樣就行了。這麼一來，就可以
讓所有樣式都出現過一遍——唉呀！這方法行不通耶。」

米爾迦：「行不通呢。」

| 十進位法 | 二進位法 |
|---|---|
| 0 | 0000 |
| 1 | 0001 |
| 2 | 0010 |
| 3 | 0011 |
| 4 | 0100 |
| 5 | 0101 |
| 6 | 0110 |
| 7 | 0111 |
| 8 | 1000 |
| 9 | 1001 |
| 10 | 1010 |
| 11 | 1011 |
| 12 | 1100 |
| 13 | 1101 |
| 14 | 1110 |
| 15 | 1111 |

我：「這方法不行啊。二進位法中，加 1 得到『下一個數』時，可能不只改變一位數，但是一次只能按一下反轉鈕，所以行不通。」

米爾迦：「就是這麼回事。」

我：「從 0000 轉變成 0001 沒有問題。只要按下 0 的反轉鈕就可以了，但接下來就不行。沒辦法只按一次反轉鈕就把 0001 轉變成 0010。因為，如果要從 0001 轉變成 0010，要按兩次反轉鈕才行。而且，也要注意反轉這兩個棋子的順序。如果先反轉 0001 的 1，就會變成 0000——」

米爾迦：「——然後就會 ERROR。」

麗莎：「禁止樣式重複。」

我：「雖然沒辦法只按一次反轉鈕就把 0001 轉變成 0010，但如果小心地按兩次，就可以按出 0010 了。不能先按 0001，而是要先按 0001 得到 0011，再按下 0011 得到 0010……原來如此，我明白這個遊戲的重點了。」

- 從 0000 開始，每次只能反轉一個位元，
- 不能重複出現同樣的樣式
- 且所有樣式都需出現一次。在此條件下，
- 該如何安排按下反轉鈕的順序？

米爾迦：「就是這樣。」

我：「咦……可是，這真的辦得到嗎？」

米爾迦：「Full tirp 是可以辦到的。試著做做看吧。」

我：「等一下喔。先讓我想一下——」

　　米爾迦無視我說的話，從我手上搶走了控制器，開始用很快的速度按按鈕，快到讓我沒能看清她到底是怎麼按的。沒過多久，螢幕上就出現了「FULLTRIP！」的字樣。

FULLTRIP！

我：「嗯……現在我知道 Full trip 是可以辦到的了。」

---

問題 4-1（Full trip 4）

按下開始鈕後，該以什麼順序按下反轉鈕 3, 2, 1, 0，才能完成 Full trip 呢？

---

## 4.3　與位元型樣有關

麗莎：「開始。」

我：「依照『舉例是理解的試金石』這個原則，應該要先從一個具體的例子來思考，也就是不斷嘗試。開始時是 0000。接下來要每次反轉一個位元，陸續得到各種不同的位元型樣。最初的一手中，改變哪個位元都沒有差別，所以就先按下反轉鈕 0 看看。」

$$0000 \rightarrow 0001$$

麗莎：「$0 \rightarrow 1$。」

米爾迦：「嗯。可以選擇不同位元，代表有自由度。」

我：「下一步也很明確。如果把剛才得到的 0001 的 1 變回 0，」

就會出現錯誤而遊戲結束。所以一定得反轉剩下的 0。也就是說要按的按鈕可能是 000<u>1</u>、00<u>0</u>1、0<u>0</u>01 之一。不管是將哪個位元反轉成 1 都沒有差別，所以就先試著將 000<u>1</u> 反轉成 00<u>1</u>1 吧。」

$$0000 \rightarrow 000\underline{1} \rightarrow 00\underline{1}1$$

麗莎：「0 → 1 → 3。」

我：「照這個發展，接下來似乎應該要轉變成 0<u>1</u>11，但應該沒那麼簡單吧？」

米爾迦：「為什麼會這麼想？」

我：「總覺得這樣就太直接了。所以接下來就試試轉變成 0010 吧！」

$$0000 \rightarrow 000\underline{1} \rightarrow 00\underline{1}1 \rightarrow 001\underline{0}$$

米爾迦：「嗯。」

麗莎：「0 → 1 → 3 → 2。」

我：「接下來該怎麼辦呢？不能變回 0011，也不能變回 0000，要是轉變成過去曾出現的樣式就會發生錯誤。看來只能去動不曾反轉成 1 的位元——也就是 0<u>0</u>10 或 <u>0</u>010 了。選哪個都一樣，就先試著將 0<u>0</u>10 反轉成 1 吧！」

$$0000 \rightarrow 000\underline{1} \rightarrow 00\underline{1}1 \rightarrow 001\underline{0} \rightarrow 0\underline{1}10$$

麗莎：「0 → 1 → 3 → 2 → 6。」

我：「接下來要前進還是要後退呢⋯⋯？」

米爾迦：「前進或後退？」

我：「接下來有兩個選擇，一個是將 0110 轉變成 1，另一個是將 0110 轉變成 1 對吧。因為 0110 是未反轉過的位元，像是要『前進』的樣子；0110 則是曾經反轉過的位元，像是要『後退』的樣子。」

米爾迦：「這樣啊。」

我：「嗯，試著後退看看吧！將 0110 反轉成 1。」

$$0000 \to 0001 \to 0011 \to 0010 \to 0110 \to 0111$$

麗莎：「$0 \to 1 \to 3 \to 2 \to 6 \to 7$。」

我：「都到了 0111，下一步應該就要進位變成 1000 了吧。」

米爾迦：「進位？」

我：「唉呀，不對。這不是二進位加法，是要判斷該反轉 0111 的哪個位元——嗯，似乎有四種可能。

- 0111 → 0110，已經出現過了，不行。
- 0111 → 0101，還沒出現過，可以。
- 0111 → 0011，已經出現過了，不行。
- 0111 → 1111，還沒出現過，可以。

也就是要從 0101 和 1111 中選擇一個——選哪個好呢？好！就選 0101 吧！」

$$0000 \to 0001 \to 0011 \to 0010 \to 0110 \to 0111 \to 0101$$

麗莎：「$0 \to 1 \to 3 \to 2 \to 6 \to 7 \to 5$。」

我：「呼……再來應該是 $010\underline{0}$ 吧！$0101$ 的下一步有四種可能，但其中還沒出現過的就只有 $010\underline{0}$ 和 $\underline{1}101$ 這兩種，我要選 $010\underline{0}$。」

$$0000 \to 000\underline{1} \to 00\underline{1}1 \to 001\underline{0} \to 0\underline{1}10 \to 011\underline{1} \to 01\underline{0}1 \to 010\underline{0}$$

麗莎：「$0 \to 1 \to 3 \to 2 \to 6 \to 7 \to 5 \to 4$。」

米爾迦：「為什麼你要選 $\underline{1}101$ 而不是選 $010\underline{0}$ 呢？」

我：「聽到小麗莎唸出這些數時，我發現了一件事。剛才她說

$$0 \to 1 \to 3 \to 2 \to 6 \to 7 \to 5 \to 4$$

這是將位元型樣轉換成十進位法之後的數列對吧？」

麗莎：「……」

我：「在思考 $\to 1 \to 3 \to 2 \to 6 \to 7 \to 5 \to \boxed{?}$ 的時候，我發現從 0 到 7 的數字中，只有 4 還沒有出現過，所以接下來我就選了代表 4 的 $0100$。」

米爾迦：「沒想到麗莎的複誦卻成了提示啊。」

米爾迦一邊說著一邊看向麗莎。
麗莎別過了頭。

麗莎：「冤枉。」

我：「提示？原來在這一系列的數字中隱藏著規則啊！」

麗莎：「做了多餘的事。」

麗莎一邊說著一邊看向米爾迦。

米爾迦別過了頭。

我：「目前已經出現八個位元式樣了。全部有十六個，所以已經出現一半囉。Full trip 的一半，就是 Half trip 吧。前半的 Half trip 完成囉。」

米爾迦：「Half trip，這個概念還不錯。」

---

**前半的 Half trip**

$0000 \rightarrow 000\underline{1} \rightarrow 00\underline{1}1 \rightarrow 001\underline{0} \rightarrow 0\underline{1}10 \rightarrow 011\underline{1} \rightarrow 01\underline{0}1 \rightarrow 010\underline{0}$

---

我：「原來如此。前半 Half tirp 中出現了 0 到 7 的數，這些數化為位元型樣後，最高位都是 0！所以說，後半 Half trip 的最高位會是 1。」

麗莎：「注意不要提示。」

米爾迦：「……我可什麼也沒說。」

我：「嗯，總之再多些嘗試吧。0100 的下一步有四種可能的位元型樣，分別是——

- 0100 → 010\underline{1}，已經出現過了，不行。
- 0100 → 01\underline{1}0，已經出現過了，不行。
- 0100 → 0\underline{0}00，已經出現過了，不行。
- 0100 → \underline{1}100，還沒出現過，可以。

——所以，就決定是 1100 了。這也理所當然，因為**最高位為 0 的位元型樣全都出現過了**，所以下一步位元型樣的最高位只能是 1。」

0000 → 000$\underline{1}$ → 00$\underline{1}$1 → 001$\underline{0}$ → 0$\underline{1}$10 → 011$\underline{1}$ → 01$\underline{0}$1 → 0100 →$\underline{1}$100

麗莎：「0 → 1 → 3 → 2 → 6 → 7 → 5 → 4 → 12。」

米爾迦：「……」

我：「1100 的下一步不可能後退到 0100，因為最高位元會變成 0。所以 1100 的下一步有三種可能，分別是——

- 1100 → 110$\underline{1}$
- 1100 → 11$\underline{1}$0
- 1100 → 1$\underline{0}$00

——而且，三種都可以。因為後半的 Half trip 才剛開始而已，最高位為 1 的位元型樣都還沒出現過。」

米爾迦：「自由度很大。」

我：「沒錯沒錯。自由度很大……自由度？」

麗莎：「很大的提示。」

麗莎一邊說，一邊看向米爾迦。

米爾迦：「不小心說出來了。」

米爾迦吐了吐舌頭。

看到兩人的舉動後，我開始思考。

自由度……Flip trip 在剛開始時自由度很大，因為還有許多位元型樣還沒出現過，所以會有很多個位元在反轉後不會出現錯誤訊息。

前半的 Half trip 結束後，最高位為 0 的位元型樣全都出現過了。因此，接下來的 trip 中，最高位必須固定為 1。可以反轉的位元變少了，即選擇自由度降低了。

也就是說，如果不考慮最高位元──

我：「對了，米爾迦。這是在重複相同動作嗎？」

米爾迦：「是嗎？」

我：「一開始我拿到的問題是『Flip trip 4』。也就是從 0000 開始，發展成所有四位元的位元型樣。」

米爾迦：「沒錯。」

我：「不過，現在前半的 Half trip 已經結束，於是我面前的問題就變成『Flip trip 3』囉！」

米爾迦：「……」

我：「原來如此，非這樣不可。因為所有的 0∗∗∗ 位元型樣都已經出現過了，只剩下 1∗∗∗ 還沒出現過對吧？也就是說，後半的 Half trip 中，不能再將最高位反轉成 0。『Flip trip 4』的後半 Half trip，就和三位元 ∗∗∗ 的『Filp trip 3』相同！」

米爾迦：「厲害。然後呢？」

我：「然後是指？」

米爾迦：「後半的 Half trip，具體來說會是什麼呢？」

0000 → 0001 → 0011 → 0010 → 0110 → 0111 → 0101 → 0100
→1100 → ????

　　於是我開始思考。既然都走到這一步了，接下來我一定要找出從 100 開始的『Flip trip』答案……

## 4.4　後半段的 Half trip

我：「……我知道了，米爾迦。接下來就是『Flip trip 3』沒錯。最高位在前半的 Half trip 中沒有改變，如果用 * 隱藏最高位，那麼前半的 Half trip 就是從 000 轉變到 100 的『Flip trip 3』。」

前半的 Half trip

0000 → 0001 → 0011 → 0010 → 0110 → 0111 → 0101 → 0100

隱藏住最高位

*000 → *001 → *011 → *010 → *110 → *111 → *101 → *100

米爾迦：「嗯。」

我：「只要把步驟倒轉過來就行囉！這樣就會變成從 * 100 開始

的『Flip trip 3』。」

## 隱藏前半 Half trip 的最高位

$*000 \rightarrow *001 \rightarrow *011 \rightarrow *010 \rightarrow *110 \rightarrow *111 \rightarrow *101 \rightarrow *100$

## 倒轉後，成為從 $*100$ 開始的「Flip trip 3」

$*000 \leftarrow *001 \leftarrow *011 \leftarrow *010 \leftarrow *110 \leftarrow *111 \leftarrow *101 \leftarrow *100$

米爾迦：「嗯哼……」

　　米爾加看著我列出來的位元型樣，像是在思考著什麼一樣。

我：「嗯？有那裡不對嗎？」

米爾迦：「保持原本的順序，把 $*$ 以外的最高位反轉也會得到一樣的結果。」

## 隱藏前半 Half trip 的最高位

$*000 \rightarrow *001 \rightarrow *011 \rightarrow *010 \rightarrow *110 \rightarrow *111 \rightarrow *101 \rightarrow *100$

## 把 $*$ 以外的最高位反轉

$*100 \rightarrow *101 \rightarrow *111 \rightarrow *110 \rightarrow *010 \rightarrow *011 \rightarrow *001 \rightarrow *000$

我：「咦，這是偶然吧？」

米爾迦：「這不是偶然。然後呢？」

我：「啊，嗯。將前半的 $*$ 設為 $0$，後半的 $*$ 設為 $1$，就完成 Full trip 了！」

$$0000 \to 0001 \to 0011 \to 0010 \to 0110 \to 0111 \to 0101 \to 0100 \quad \text{前半}$$
$$\to 1100 \to 1101 \to 1111 \to 1110 \to 1010 \to 1011 \to 1001 \to 1000 \quad \text{後半}$$

麗莎:「$0 \to 1 \to 3 \to 2 \to 6 \to 7 \to 5 \to 4$
　　　　$\to 12 \to 13 \to 15 \to 14 \to 10 \to 11 \to 9 \to 8$。」

米爾迦:「按反轉鈕的順序呢?」

我:「把達成 Full trip 之前,所有曾經反轉過的位置都挑出來
　　就知道囉。我來做個記號吧!」

$$0000 \to 000\underline{1} \to 00\underline{1}1 \to 001\underline{0} \to 0\underline{1}10 \to 011\underline{1} \to 01\underline{0}1 \to 010\underline{0} \quad \text{前半}$$
$$\to \underline{1}100 \to 110\underline{1} \to 11\underline{1}1 \to 111\underline{0} \to 1\underline{0}10 \to 101\underline{1} \to 10\underline{0}1 \to 100\underline{0} \quad \text{後半}$$

米爾迦:「嗯。」

我:「所以,按下反轉鈕的順序就是這樣。」

---

**解答例 4-1(Filp trip 4)**

照以下順序按下反轉鈕,就可以完成 Full trip。

$$0, 1, 0, 2, 0, 1, 0, 3, 0, 1, 0, 2, 0, 1, 0$$

---

米爾迦:「看起來還真是個有韻律又好記的數列呢!」

我:「等一下!我看過這個數列!這不就是 $n \,\&\, -n$ 的指數嗎!
　　(參考 p.134)」

| $n$ | $= 2^m \cdot$ 奇數 | $2^m$ | $n \,\&\, -n$ | $m$ | 反轉鈕 |
|---|---|---|---|---|---|
| 1 | $= 2^0 \cdot 1$ | $2^0 = 1$ | 1 | 0 | 0 |
| 2 | $= 2^1 \cdot 1$ | $2^1 = 2$ | 2 | 1 | 1 |
| 3 | $= 2^0 \cdot 3$ | $2^0 = 1$ | 1 | 0 | 0 |
| 4 | $= 2^2 \cdot 1$ | $2^2 = 4$ | 4 | 2 | 2 |
| 5 | $= 2^0 \cdot 5$ | $2^0 = 1$ | 1 | 0 | 0 |
| 6 | $= 2^1 \cdot 3$ | $2^1 = 2$ | 2 | 1 | 1 |
| 7 | $= 2^0 \cdot 7$ | $2^0 = 1$ | 1 | 0 | 0 |
| 8 | $= 2^3 \cdot 1$ | $2^3 = 8$ | 8 | 3 | 3 |
| 9 | $= 2^0 \cdot 9$ | $2^0 = 1$ | 1 | 0 | 0 |
| 10 | $= 2^1 \cdot 5$ | $2^1 = 2$ | 2 | 1 | 1 |
| 11 | $= 2^0 \cdot 11$ | $2^0 = 1$ | 1 | 0 | 0 |
| 12 | $= 2^2 \cdot 3$ | $2^2 = 4$ | 4 | 2 | 2 |
| 13 | $= 2^0 \cdot 13$ | $2^0 = 1$ | 1 | 0 | 0 |
| 14 | $= 2^1 \cdot 7$ | $2^1 = 2$ | 2 | 1 | 1 |
| 15 | $= 2^0 \cdot 15$ | $2^0 = 1$ | 1 | 0 | 0 |

我：「設第 $n$ 個按下的反轉鈕的編號是 $m$，那麼

$$2^m = n \,\&\, -n$$

會成立？！」

米爾迦：「也可以寫成這樣。

$$m = \log_2(n \,\&\, -n)$$ 」

我：「這個 $m$ 到底是什麼啊！」

麗莎：「Ruler 函數。」

我：「原來還有名字啊⋯⋯」

麗莎：「我很喜歡。」

---

## 4.5 Ruler 函數

麗莎：「Ruler 函數的定義。」

Ruler 函數 $\rho(n)$

Ruler 函數 $\rho(n)$ 定義為

以二進位法表記 $n$ 時，右端的 0 的個數。

其中，$n$ 為正整數。

| | n | ρ(n) |
|---|---|---|
| 1 | 0001 | 0 |
| 2 | 0010 | 1 |
| 3 | 0011 | 0 |
| 4 | 0100 | 2 |
| 5 | 0101 | 0 |
| 6 | 0110 | 1 |
| 7 | 0111 | 0 |
| 8 | 1000 | 3 |
| 9 | 1001 | 0 |
| 10 | 1010 | 1 |
| 11 | 1011 | 0 |
| 12 | 1100 | 2 |
| 13 | 1101 | 0 |
| 14 | 1110 | 1 |
| 15 | 1111 | 0 |
| ⋮ | ⋮ | ⋮ |

我：「Ruler 函數？」

麗莎：「直尺函數。」

我：「名字真奇怪呢！」

米爾迦：「只要畫出 $y = \rho(n) + 1$ 的圖，就知道為什麼會叫這個名字了。」

我：「原來如此，看起來就像直尺（ruler）的刻度一樣⋯⋯不過，為什麼呢？這確實很有趣，但實在想不透為什麼 Flip trip 會和直尺函數有關。」

米爾迦：「可以試著想想看 Gray code 的遞迴式。」

我：「Gray code⋯⋯？」

麗莎：「我很喜歡。」

---

## 4.6 格雷碼

米爾迦：「Gray code，也就是格雷碼，它的名字源自物理學家法蘭克・格雷[*1]。」

我：「啊，原來如此。我還以為是指非黑也非白，而是灰色的碼。」

米爾迦：「一般來說，若一種編碼在反轉一個位元後便可得到下一個位元型樣，這種編碼就叫做**格雷碼**。格雷碼有很多種，你在 Flip trip 4 中列出的位元型樣，就是一種標準的格雷碼。假設我們用 $G_4$ 來表示這種編碼，那麼 $G_4$ 就是四位元格雷碼的一種。寫成表就像這樣。」

---

[*1] Frank Gray。

**四位元格雷碼的一種 $G_4$**

| $G_4$ |
|-------|
| 0000 |
| 0001 |
| 0011 |
| 0010 |
| 0110 |
| 0111 |
| 0101 |
| 0100 |
| 1100 |
| 1101 |
| 1111 |
| 1110 |
| 1010 |
| 1011 |
| 1001 |
| 1000 |

我：「然後呢？格雷碼的遞迴式是指什麼呢？」

米爾迦：「這張表是四位元格雷碼的一種，但我們想進一步定義 $G_4$ 的一般化形式 $G_n$。故需使用遞迴式。」

我：「我知道什麼是遞迴式，可是我不太曉得該如何用遞迴式來定義位元型樣表耶⋯⋯」

米爾迦：「$G_n$ 是包含了 $2^n$ 個位元型樣的位元型樣表。比方說，$G_4$ 的具體內容如下。」

$$G_4 = 0000, 0001, 0011, 0010, 0110, 0111, 0101, 0100,$$
$$1100, 1101, 1111, 1110, 1010, 1011, 1001, 1000$$

我：「啊，原來如此。位元型樣表——也就是位元型樣的排列，可以寫成 $G_n$。而 $G_n$ 可以寫成遞迴的形式——這表示我們可以用 $G_n$ 來表示 $G_{n+1}$ 對吧？」

米爾迦：「沒錯。」

我：「等一下，在寫出遞迴式前，我想『用較小的數試試看』可以嗎？」

米爾迦：「當然。」

麗莎：「$G_1$ 是這個。」

$$G_1 = 0, 1$$

我：「$G_2$ 是這樣吧。」

$$G_2 = 00, 01, 11, 10$$

米爾迦：「嗯。」

我：「$G_3$ 是『Flip trip 3』中得到的位元型樣表。」

$$G_3 = 000, 001, 011, 010, 110, 111, 101, 100$$

米爾迦：「$G_4$ 前面已經提過了。那就開始寫出 $G_n$ 的遞迴式吧！」

我開始思考。寫出與 $G_n$ 有關的遞迴式——也就是要用 $G_n$ 表示 $G_{n+1}$ 的意思。線索——是有的，也就是

- 用 $G_1$ 表示 $G_2$ 的方法
- 用 $G_2$ 表示 $G_3$ 的方法
- 用 $G_3$ 表示 $G_4$ 的方法

那麼⋯⋯

我：「⋯⋯嗯，我大概知道該怎麼做了，不過該用哪種計算才好呢？」

米爾迦：「哪種計算？」

我：「用遞迴式來定義等差數列 $a_1, a_2, a_3, \ldots$ 時，會用到和（＋）的計算，如下。

$$\begin{cases} a_1 = 《首項》 \\ a_{n+1} = a_n + 《公差》 \ (n = 1, 2, 3, \ldots) \end{cases}$$

用遞迴式來定義等比數列 $b_1, b_2, b_3, \ldots$ 時，會用到積（×）的計算，如下。

$$\begin{cases} b_1 = 《首項》 \\ b_{n+1} = b_n \times 《公比》 \ (n = 1, 2, 3, \ldots) \end{cases}$$

不過，

$$G_1, G_2, G_3, \ldots$$

是位元型樣表的陣列。位元型樣表之間要怎麼計算呢？」

米爾迦：「該怎麼計算呢？很簡單，只要定義就行了。我們需要定義位元型樣表之間的計算。」

我：「嗯⋯⋯我一時也想不到應該要怎麼定義算式才好耶。」

米爾迦：「我說你啊，在執著於算式之前，要先化為言語才行。」

　　米爾迦將食指放在自己的嘴唇前。

我：「這樣啊⋯⋯說的也是。我認為，用『由『Flip trip 3』得到『Flip trip 4』』的方法，就可以寫出遞迴式。先來試試由 $G_1$ 組合出 $G_2$ 吧。」

---

用 $G_1$ 組合出 $G_2$ 的方法

- 一開始，將 $G_1 = 0, 1$ 的各個位元型樣左端加上 $0$，得到 $0\,0, 0\,1$。這就是「前半」。
- 接著將 $G_1$ 倒轉為 $1, 0$，並在各個位元型樣左端加上 $1$，得到 $1\,1, 1\,0$。這就是「後半」。
- 最後將「前半」與「後半」連接起來，就可得到 $G_2$。

$$G_2 = \underbrace{00, 01,}_{\text{『前半』}} \underbrace{11, 10}_{\text{『後半』}}$$

---

米爾迦：「很清楚。」

我：「也可以用同樣的方法將 $G_2$ 組合成 $G_3$ 喔！」

用 $G_2$ 組合出 $G_3$ 的方法

- 一開始，將 $G_2 = 00, 01, 11, 10$ 的各個位元型樣左端加上 0，得到

  $000, 001, 011, 010$

  這就是「前半」。

- 接著將 $G_2$ 倒轉為 $10, 11, 01, 00$，並在各個位元型樣左端加上 1，得到

  $110, 111, 101, 100$

  這就是「後半」。

- 最後將「前半」與「後半」連接起來，就可得到 $G_3$。

$$G_3 = \underbrace{000, 001, 011, 010,}_{\text{「前半」}} \underbrace{110, 111, 101, 100}_{\text{「後半」}}$$

米爾迦：「這就是將 Half trip 組合成 Full trip 的方法吧。把它一般化吧——」

我：「嗯。用 $G_n$ 組合出 $G_{n+1}$ 的方法可以寫成這樣。」

用 $G_n$ 組合出 $G_{n+1}$ 的方法

- 一開始，將 $G_n$ 的各個位元型樣左端加上 0，得到「前半」。
- 接著將 $G_1$ 倒轉，並在各個位元型樣左端加上 1，得到「後半」。
- 最後將「前半」與「後半」連接起來，就可得到 $G_{n+1}$。

米爾迦：「你的方法中出現了三個計算。

- 將位元型樣表中，各個位元型樣的左端加上 0 或 1，得到新的位元型樣表。
- 將位元型樣表倒轉，得到新的位元型樣表。
- 連接兩個位元型樣表，得到新的位元型樣表。

只要能用算式定義這些計算，就能寫出遞迴式了。」

### 位元型樣表 $G_n$ 的遞迴式

位元型樣表 $G_n$ 的遞迴式如下所示。

$$\begin{cases} G_1 = 0, 1 \\ G_{n+1} = 0G_n, 1G_n^R \end{cases} \quad (n \geqq 1)$$

其中,

- $0\,G_n$ 為:將 $G_n$ 之各位元型樣左端加上 0 後,得到的新位元型樣表。
- $G_n^R$ 為:將 $G_n$ 倒轉後,得到的新位元型樣表。
- $1G_n^R$ 為:將 $G_n^R$ 之各位元型樣左端加上 1 後,得到的新位元型樣表。
- $0\,G_n, 1G_n^R$ 為:將 $0\,G_n$ 與 $1G_n^R$ 連接在一起後所得到的新位元型樣表。

我:「原來如此。不過 $0\,G_n$ 和 $1G_n^R$ 還真是相當大膽的表記方式呢。」

麗莎:「表記很重要。」

我:「和分配律很像呢。」

$$G_3 = 000, 001, 011, 010, 110, 111, 101, 100$$

$$G_3^R = 100, 101, 111, 110, 010, 011, 001, 000$$

$$0G_3 = 0(000, 001, 011, 010, 110, 111, 101, 100)$$

$$= 0000, 0001, 0011, 0010, 0110, 0111, 0101, 0100$$

$$1G_3^R = 1(100, 101, 111, 110, 010, 011, 001, 000)$$

$$= 1100, 1101, 1111, 1110, 1010, 1011, 1001, 1000$$

米爾迦:「這個遞迴式可以用來證明:對於任意正整數 $n$,$G_n$ 皆為格雷碼。」

我:「$G_n$ 是格雷碼,這代表 $G_n$ 中相鄰的位元型樣只有一個位元不同對吧?」

米爾迦:「沒錯。$G_n$ 是格雷碼時,顯然 $G_n^R$ 也會是格雷碼。而位於前半與後半交界處的兩個位元型樣,只有最高位不同。」

我:「嗯嗯,確實如此。前半是 $0\,G_n$,後半是 $1G_n^R$。所以交界處是 $0\,G_n$ 的最後一個數和 $1G_n^R$ 的第一個數,兩者只有最高位不同。$n = 3$ 時,位元型樣表如下。」

$$G_{3+1} = \underbrace{0000, 0001, \cdots, 0100,}_{0G_3} \underbrace{1100, \cdots, 1001, 1000}_{1G_3^R}$$

米爾迦:「從 $G_n$ 的遞迴式可以看出:為什麼直尺函數可以表示 $G_n$ 在每次改變位元型樣時,反轉了哪個位元。$G_n$ 含有 $2^n$ 個位元型樣,在 $G_{n+1}$ 的前半 $0\,G_n$ 和後半 $1G_n^R$ 之交界處,改變的是位置為 $n$ 的位元。上式就是 $n = 3$ 的情況。在前半與後

半的交界處，改變的是代表 $2^3$ 的位數，也就是位置為 3 的位元。」

$$G_{3+1} = \underbrace{0000, 0001, \cdots, 0100}_{2^3 \text{ 個}}, \underbrace{1100, \cdots, 1001, 1000}_{2^3 \text{ 個}}$$

我：「啊……我知道了。原來如此，太厲害了！」

米爾迦：「直尺函數也可以用來解河內塔問題。」

我：「咦？」

麗莎：「我很喜歡。」

---

## 4.7　河內塔

麗莎：「這是河內塔。」

麗莎從推車的抽屜中拿出木製河內塔。

我：「呃，河內塔那麼有名，我還是知道的啦。」

河內塔

有三根柱子，幾個圓板，圓板中央有洞可讓柱子通過。每個圓板的大小都不同，操作時不能將大圓板放在小圓板上。遊戲開始時，所有圓板集中在同一根柱子上。操作時，一次只能動一個圓板，最後要將所有圓板移動到另一根柱子上。

**米爾迦**：「直尺函數也可以用來解河內塔。將圓板由小到大命名為 0, 1, 2 就知道為什麼了。」

**我**：「嗯⋯⋯這個借我一下。」

我從麗莎手中接過了河內塔，並試著移動——結果我大吃一驚。

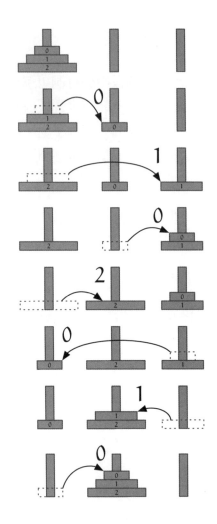

麗莎：「0, 1, 0, 2, 0, 1, 0。」

我：「真的耶⋯⋯為什麼會這樣呢！」

米爾迦：「若想知道操作河內塔時，第 *n* 手要移動哪個圓板，
　　只要算一下直尺函數，照著 $\rho(n)$ 移動就行了。」

| | n | $\rho(n)$ | 圓板 |
|---|---|---|---|
| 1 | 0001 | 0 | 0 |
| 2 | 0010 | 1 | 1 |
| 3 | 0011 | 0 | 0 |
| 4 | 0100 | 2 | 2 |
| 5 | 0101 | 0 | 0 |
| 6 | 0110 | 1 | 1 |
| 7 | 0111 | 0 | 0 |
| ⋮ | ⋮ | ⋮ | ⋮ |

我：「咦……」

米爾迦：「格雷碼、直尺函數、河內塔。」

麗莎：「全部，都很喜歡（咳）。」

「敵人的敵人就是朋友嗎？」

## 第 4 章的問題

●問題 4-1（挑戰 Full trip）

本文中「我」按照

$$0000 \to 000\underline{1} \to 00\underline{1}1 \to 001\underline{0} \to \cdots$$

的順序改變位元型樣（p.159）。要是「我」選擇了別的途徑，如下

$$0000 \to 000\underline{1} \to 00\underline{1}1 \to 0\underline{1}11 \to \cdots$$

還有辦法達到 Full trip 嗎？

（解答在 p.263）

●問題 4-2（直尺函數）

試用遞迴式來定義直尺函數 $\rho(n)$。

| $n$ | 1 | 2 | 3 | 4 | 5 | 6 | 7 | 8 | 9 | 10 | 11 | 12 | 13 | 14 | 15 | ... |
|---|---|---|---|---|---|---|---|---|---|---|---|---|---|---|---|---|
| $\rho(n)$ | 0 | 1 | 0 | 2 | 0 | 1 | 0 | 3 | 0 | 1 | 0 | 2 | 0 | 1 | 0 | ... |

（解答在 p.264）

●問題 4-3（位元型樣表的倒轉）

p.166 中，米爾迦提到了位元型樣表的倒轉，以及最高位的反轉。讓我們進一步深入探討吧。假設 $n$ 是大於等於 1 的整數，$G_n$ 是 p.178 中提到的位元型樣表。

- 設 $G_n^R$ 為：將 $G_n$ 倒轉後，得到的位元型樣表。
- 設 $G_n^-$ 為：將 $G_n$ 內所有位元型樣的最高位反轉後，得到的位元型樣表。

試證明此時

$$G_n^R = G_n^-$$

以 $G_3 = 000, 001, 011, 010, 110, 111, 101, 100$ 為例，$G_3^R = G_3^-$ 的位元型樣表如下。

$$
\begin{aligned}
G_3^R &= (000, 001, 011, 010, 110, 111, 101, 100)^R \\
&= 100, 101, 111, 110, 010, 011, 001, 000 \\
G_3^- &= (000, 001, 011, 010, 110, 111, 101, 100)^- \\
&= 100, 101, 111, 110, 010, 011, 001, 000
\end{aligned}
$$

（解答在 p.265）

## 附錄：格雷碼的性質與感應器

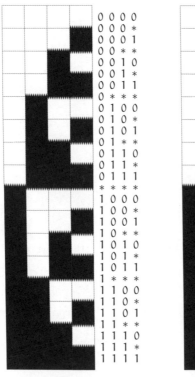

| 二進位法 | 格雷碼例（$G_4$） |

　　假設用黑色與白色的色塊排列成圖樣，藉此表示該圖樣在紙張中的高度，並用由四個感光器所組成的感應器來讀取圖樣的位置。

　　感光器感應到白色時會顯示 0，黑色時會顯示 1，檢測一個圖樣時可得到共四位元的位置資訊。不過，當感光器掃到白與黑的交界處，會因為色塊位置的偏差，或者是印刷時的瑕疵而無法準確判斷是 0 還是 1，此時，四個位元中會混有幾個無法判斷是 0 或 1 的位元（前頁中的 *）。

　　若使用**二進位法**來標示高度（左側），很可能因為不準確的位元，使感應器對位置的判讀出現很大的錯誤。舉例來說，中央的 0111 和 1000 的交界處，可能會被讀成

****

這樣的四位元資訊會被誤判為任何位置。

　　若以前頁**格雷碼例**（$G_4$）來標示高度（右側），就算混入了不準確的位元，也僅會被判讀為正確位置的相鄰位置，不至於產生很大的錯誤。這是因為，格雷碼的相鄰位元式樣只會差一個位元。比方說，位於中央的 0100 和 1100 的交界處，可能會被讀成

*100

如果被誤判的位元是 0，那就是緊接在其上方的 0100；如果被誤判的位元是 1，那就是緊接在其下方的 1100。

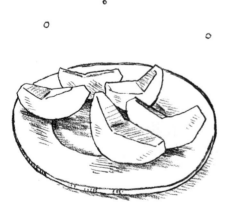

第 5 章

# 布爾代數

「如果『2』只能表示『2 顆蘋果』，那有什麼用呢？」

## 5.1　在圖書室

這裡是高中的圖書室，現在是放學時間。

正當我專注於計算，米爾迦像一陣風般來到我眼前。

米爾迦：「蒂蒂呢？」

我：「不曉得耶……今天還沒來的樣子。」

米爾迦：「是嗎……」

米爾迦自然而然地坐在我旁邊，盯著我的筆記本看。臉和我離得好近好近好近。

我：「……」

米爾迦：「臉好紅喔，該不會又得了流感吧？」

我：「不會得那麼多次流感啦。之前也是米爾迦把流感傳染給我的吧。大概是那時候吧——」

米爾迦：「哪時候？」

我：「——沒事啦。」

米爾迦：「村木老師拿『卡片』來了。」

　　村木老師是數學老師，常給我們各種「卡片」。「卡片」上有時會寫著各種數學問題，有時會寫著別具意涵的數學式。

　　我們會以「卡片」的內容為起點，思考各種問題，整理成一份報告。這是與課程或考試無關的自由活動，我們都樂在其中。

　　這次的「卡片」是——

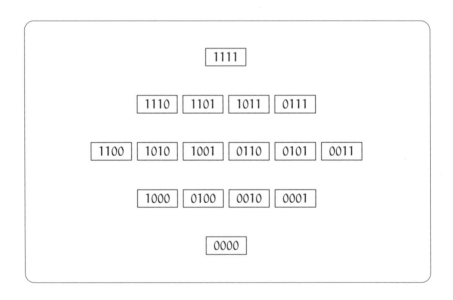

我：「啊，這是用二進位法來表示 0 到 15 的數吧！卡片上用四位元表示出了從 0000 到 1111 的各種位元型樣。每個位元都可能是 0 或 1，有兩種可能，所以四個位元就有 $2^4 = 16$

種可能。」

米爾迦：「嗯，我也同意這點。那麼，**順序**又是如何呢？」

米爾迦的提問帶著樂在其中的感覺。

我：「妳是說這些位元型樣的配置吧？嗯，我有注意到這點喔。
這是依照『1 的個數』，將位元型樣排在不同位置的吧？
最下面的 0000 一個 1 都沒有，也就是零個。越往上，1 的
個數逐漸增加為 0→1 → 2 → 3 → 4。」

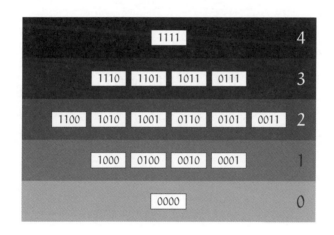

注意「1 的個數」

米爾迦：「你有注意到啊。」

我：「當然囉，**數數字**是基本嘛。最下面的 0000 有零個 1，最
上面的 1111 則有四個 1。」

米爾迦：「最下面的是最小值，最上面的是最大值。」

我：「我也數了各列『位元型樣的個數』囉，是 1, 4, 6, 4, 1。
　　這是二項式系數對吧」

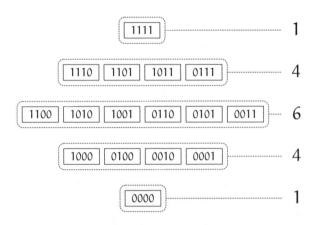

**注意「位元型樣的個數」**

米爾迦：「嗯。」

我：「展開 $(x+y)^4$ 後會得到

$$(x+y)^4 = \underline{1}x^4y^0 + \underline{4}x^3y^1 + \underline{6}x^2y^2 + \underline{4}x^1y^3 + \underline{1}x^0y^4$$

係數就是 1, 4, 6, 4, 1。這裡會出現二項係數的原因也不難說明。
『決定四位元的位元型樣為何』就將當於是『在四個位元中，
選擇哪些位元令其為 1』。所以，包含了 $k$ 個 1 的位元型樣個
數，就是從四個位元中選擇 $k$ 個位元令其為 1 的組合數。這會
等於

$$_4C_k = \binom{4}{k} = \frac{4!}{(4-k)!\,k!}$$

這就是二項式係數對吧？」

$$_4C_4 = \binom{4}{4} = \frac{4!}{(4-4)!\,4!} = \frac{4!}{0!\,4!} = \frac{4 \times 3 \times 2 \times 1}{1 \times (4 \times 3 \times 2 \times 1)} = 1$$

$$_4C_3 = \binom{4}{3} = \frac{4!}{(4-3)!\,3!} = \frac{4!}{1!\,3!} = \frac{4 \times 3 \times 2 \times 1}{1 \times (3 \times 2 \times 1)} = 4$$

$$_4C_2 = \binom{4}{2} = \frac{4!}{(4-2)!\,2!} = \frac{4!}{2!\,2!} = \frac{4 \times 3 \times 2 \times 1}{(2 \times 1) \times (2 \times 1)} = 6$$

$$_4C_1 = \binom{4}{1} = \frac{4!}{(4-1)!\,1!} = \frac{4!}{3!\,1!} = \frac{4 \times 3 \times 2 \times 1}{(3 \times 2 \times 1) \times 1} = 4$$

$$_4C_0 = \binom{4}{0} = \frac{4!}{(4-0)!\,0!} = \frac{4!}{4!\,0!} = \frac{4 \times 3 \times 2 \times 1}{(4 \times 3 \times 2 \times 1) \times 1} = 1$$

米爾迦：「嗯。你說的當然沒錯。不過在展開時，如果把 1 的個數相同的位元型樣整理在同一縱行，這樣也蠻有趣的。」

我：「整理在同一縱行──怎麼整理呢？」

米爾迦：「這樣整理。」

$$(0+1)^4$$

$$= (0+1)(0+1)(0+1)(0+1)$$

$$= (00+01+10+11)(0+1)(0+1)$$

$$= \left( 00 + \left\{ \begin{array}{c} 01 \\ 10 \end{array} \right\} + 11 \right)(0+1)(0+1) \qquad \text{整理在同一縱行}$$

$$= \left( 000 + 001 + \left\{ \begin{array}{c} 010 \\ 100 \end{array} \right\} + \left\{ \begin{array}{c} 011 \\ 101 \end{array} \right\} + 110 + 111 \right)(0+1)$$

$$= \left( 000 + \left\{ \begin{array}{c} 001 \\ 010 \\ 100 \end{array} \right\} + \left\{ \begin{array}{c} 011 \\ 101 \\ 110 \end{array} \right\} + 111 \right)(0+1) \qquad \text{整理在同一縱行}$$

$$= 0000 + 0001 + \left\{ \begin{array}{c} 0010 \\ 0100 \\ 1000 \end{array} \right\} + \left\{ \begin{array}{c} 0011 \\ 0101 \\ 1001 \end{array} \right\}$$

$$+ \left\{ \begin{array}{c} 0110 \\ 1010 \\ 1100 \end{array} \right\} + \left\{ \begin{array}{c} 0111 \\ 1011 \\ 1101 \end{array} \right\} + 1110 + 1111$$

$$= 0000 + \underbrace{\left\{ \begin{array}{c} 0001 \\ 0010 \\ 0100 \\ 1000 \end{array} \right\}}_{} + \underbrace{\left\{ \begin{array}{c} 0011 \\ 0101 \\ 1001 \\ 0110 \\ 1010 \\ 1100 \end{array} \right\}}_{} + \underbrace{\left\{ \begin{array}{c} 0111 \\ 1011 \\ 1101 \\ 1110 \end{array} \right\}}_{} + 1111 \qquad \text{整理在同一縱行}$$

$$\underbrace{\phantom{0000}}_{1} \quad \underbrace{\phantom{0000}}_{4} \quad \underbrace{\phantom{0000}}_{6} \quad \underbrace{\phantom{0000}}_{4} \quad \underbrace{\phantom{0000}}_{1}$$

我：「啊，這樣確實很有趣！明顯可以看出位元型樣的個數是 1, 4, 6, 4, 1。」

米爾迦：「另外，我也想試著把各個位元型樣連接起來。」

我：「把各個位元型樣連接起來——這是什麼意思呢？」

米爾迦：「就是這樣。」

## 5.2 與位元型樣的關係

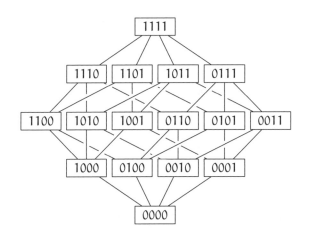

將各個位元型樣連接起來的哈斯圖

我：「這是……？」

米爾迦：「將位元型樣連接起來，並加上順序關係的圖，一般
　　稱做哈斯圖。」

我：「與其說是順序關係，應該說是上下關係比較對吧？」

米爾迦：「順序關係是數學用語，是將上下關係、大小關係抽
　　象化後的用語。哈斯圖則是讓順序關係看起來更清楚的

圖。如果

　　$y$ 位於 $x$ 的上方，且 $x$ 與 $y$ 以邊連接彼此

那麼，

　　$y$ 就比 $x$ 還要大

哈斯圖就是表示這種順序關係的圖。」

我：「原來如此。」

米爾迦：「不過在哈斯圖中，$y$ 比 $x$ 大並不代表 $x$ 和 $y$ 之間一定有邊連接。」

我：「咦？」

米爾迦：「哈斯圖中，若存在一個 $m$ 使得『$m$ 比 $x$ 大，且 $y$ 比 $m$ 大』，那麼就不需要將 $x$ 和 $y$ 連接起來了。」

我：「原來如此，也就是說，我們可以用 $m$ 與 $x$ 和 $y$ 分別比較大小，藉此看出 $x$ 和 $y$ 誰比較大對吧？」

米爾迦：「就是這樣。」

我：「話說回來，我知道哈斯圖可以顯示出順序關係，不過米爾迦現在想說的是，位元型樣之間的大小關係應該要如何決定吧？」

米爾迦：「不難看出來吧？」

我：「嗯……如果去算位元型樣往上前進的『邊數』，可以得到 4 條、3 條、2 條、1 條，邊數逐漸減少。」

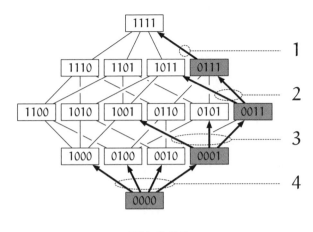

關注『邊數』

米爾迦：「你是去算『邊數』啊。」

我：「嗯，是啊……啊啊，什麼嘛，這很簡單不是嗎？我知道米爾迦說的『連接位元型樣的規則』是什麼了。這個圖中，會將反轉了一個位元的位元型樣連接在一起對吧？」

米爾迦：「正解！」

我：「譬如說，最下面的 0000 有四個 0，故會與僅反轉了一個 0 的四個位元型樣連接在一起。」

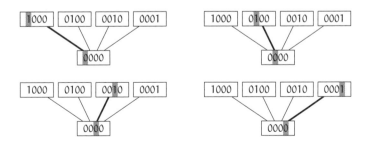

米爾迦：「比較以邊相連的上下位元型樣，可以發現兩者只有一個位元不同。下方位元型樣的其中一個 0 轉變成 1 後，便會得到上方位元型樣。」

我：「嗯，這樣就能理解為什麼從下面開始往上依序是 4, 3, 2, 1 了。因為最下面的位元型樣是 0000，每個 0 都有可能變成 1，故有四種可能性。沿著邊往上時，1 會增加……換句話說 0 會減少，所以可以變成 1 的 0 的數目也跟著減少了。」

米爾迦：「就是這樣。」

我：「不過從這個題目可以延伸到哪裡呢？」

米爾迦：「你想到哪裡，就能到哪裡。」

米爾迦一邊說，一邊用手指觸碰金屬眼鏡框。

我：「咦？」

---

## 5.3　順序關係

米爾迦：「多、少、大、小、高、低、寬廣、狹窄、前／後、上／下、包含／被包含、覆蓋／被覆蓋、包覆／被包覆……。數學上的順序關係，就是將這些我們熟悉的關係抽象化後的產物。當我們用一個集合來描述順序關係，這個集合便是由順序關係所組成，稱做順序集合。將集合轉變成一個順序集合，則稱做『在集合中建構順序結構』。」

米爾迦似乎已經進入了「上課」模式。

我：「順序關係、順序集合、順序結構……」

米爾迦：「所有四位元之位元型樣的集合可命名為 $B_4$。讓我們來研究看看這個哈斯圖所顯示的順序關係吧！」

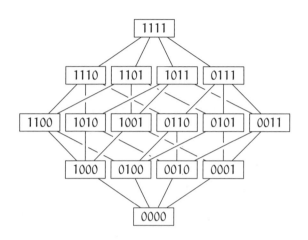

$$B_4 = \{0000, 0001, 0010, \ldots, 1111\}$$

我：「好啊！」

米爾迦：「首先要引入表示順序關係的符號 $\preceq$。為了不要和用來比較數字大小的符號搞混，將

$$\leqq$$

的形狀稍微改變了一下，變成

$$\preceq \, 。」

我：「原來如此」

米爾迦：「設 $x$ 和 $y$ 為 $B_4$ 的元素，在哈斯圖中，從 $x$ 開始往上經過 $n$ 個的邊，抵達 $y$ 為止，其關係以

$$x \preceq y$$

表示。

但 $n$ 為 0 以上的整數。$n$ 也可以等於 0。也就是說完全抵達不了邊，

$$x \preceq x$$

也成立。」

我：「嗯，這樣一來，就表示這些敘述會成立了吧？

$0001 \preceq 0001$ 從 0001 開始，往上經過 0 個邊，抵達 0001。
$0001 \preceq 0011$ 從 0001 開始，往上經過 1 個邊，抵達 0011。
$0001 \preceq 1101$ 從 0001 開始，往上經過 2 個邊，抵達 1101。」

米爾迦：「沒錯。出一個小測驗考考你。是否有滿足 $1111 \preceq x$ 的 $x$ 存在？」

我：「1111 是最上面的位元型樣，所以這種 $x$ 並不存在⋯⋯不對，存在，就是 1111 自己。滿足 $1111 \preceq x$ 的 $x$ 只有 1111。」

米爾迦：「沒錯！再來，下個小測驗。0001 $\preceq$ 1100 這個式子成立嗎？」

我：「0001 $\preceq$ 1100 這個式子不會成立。因為從 0001 開始，沿著邊往上走，不管怎麼走都無法抵達 1100。」

米爾迦：「沒錯。0001 $\preceq$ 1100 不會成立。就算左右反過來，1100 $\preceq$ 0001 也不會成立。」

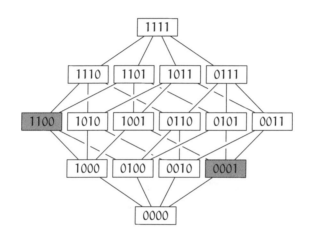

不管是 0001 $\preceq$ 1100 還是 1100 $\preceq$ 0001 都不會成立

我：「不過米爾迦，這樣看來，我們似乎無法排出 0001 和 1100 之間的順序，這樣也可以說它們有順序關係嗎？」

米爾迦：「可以。數學上說 $x$ 與 $y$ 有順序關係時，並不要求 $x \preceq y$ 或 $y \preceq x$ 兩者之一必須成立。因此，這種順序關係也會稱做偏序關係。」

我：「偏序關係……」

米爾迦：「若對於任兩個元素 $x$ 與 $y$，$x \preceq y$ 或 $y \preceq x$ 兩者之一必定成立，那麼我們會用另一個用語——全序關係來稱呼這種順序關係。全序關係是一種偏序關係，但偏序關係卻不一定是全序關係。全序關係中的所有元素可以排成一列，偏序關係中的元素卻不一定可以排成一列。」

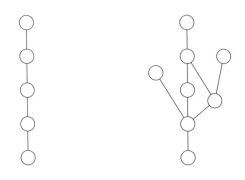

全序關係（亦為偏序關係）　　　偏序關係（非全序關係）

我：「原來如此。」

米爾迦：「比方說，全體實數之集合中，可以用 $\preceq$ 來代表任兩個數的大小關係，這種順序關係是全序關係，也是偏序關係。相較之下，集合 $B_4$ 中以 $\preceq$ 表示的順序關係雖然不是全序關係，卻是偏序關係……先不管這個，再來一個小測驗吧！我們剛才用 $x \preceq y$ 定義了集合 $B_4$ 內的關係。請試著用位元單位的邏輯或（$|$）來表示 $x \preceq y$。」

問題 5-1（順序關係的表現）

設所有四位元之位元型樣的集合為 $B_4$。

當 $B_4$ 的元素 $x$, $y$，存在

從 $x$ 開始，往上經過 $n$ 個邊後可抵達 $y$ 的關係，我們會用

$$x \preceq y$$

來表示。其中，$n$ 為大於等於 0 的整數。試用位元單位的邏輯或（｜）來表示 $x \preceq y$。

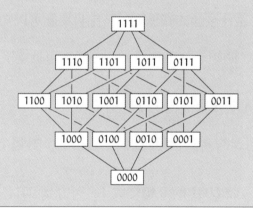

我：「咦……？」

　　我開始思考。$x \preceq y$ 是兩個位元型樣之間的關係。要用位元單位的邏輯或（｜）來表示……我知道題目的意思。但是，究竟該怎麼做才好呢？

位元單位的邏輯或

$0 \mid 0 = 0$　　　只有當兩邊都是 0 才會輸出 0

$0 \mid 1 = 1$

$1 \mid 0 = 1$

$1 \mid 1 = 1$

米爾迦:「……」

我:「$x \preceq y$ 是什麼樣的關係呢……由哈斯圖可以知道這指的是

從 $x$ 開始,往上經過 $n$ 個邊後,可抵達 $y$。

若用位元型樣來描述,就是指

將 $x$ 的 $n$ 個 0 轉變成 1,可得到 $y$ 對吧?

比方說,將 0001 的 0 轉變成 1,可得到 0011,故 0001 $\preceq$
0011……可是,這要怎麼用位元對的邏輯或($\mid$)來表示
呢?」

米爾迦:「這就是我的問題。」

我:「嗯……對了,既然將 $x$ 中的某幾個 0 轉變成 1 後可得到
$y$,就表示 $x$ 中原本是 1 的位元在 $y$ 中也是 1 才對。也就是
說,$x$ 的 1 可完全被 $y$ 的 1 覆蓋對吧?」

米爾迦:「嗯。」

我：「可是——這到底要怎麼用位元演算來表示呢？」

　　我想了好一陣子，還是想不出結論。

米爾迦：「投降了嗎？」

我：「嗯，投降。」

米爾迦：「這樣表示。」

---

**解答 5-1**（順序關係的表示）

$x \preceq y$ 可以表示為

$$x \mid y = y$$

---

我：「咦？這樣就可以了嗎……首先，等號左邊的 $x \mid y$ 是位元單位的邏輯或，只要 $x$ 或 $y$ 其中一個是 1，就會得到 1。當然，要每個位元分開來看。而這會等於等號右邊的 $y$ ……原來如此，真的是這樣！因為 $y$ 的 1 可以完全覆蓋 $x$ 的 1 嘛！」

米爾迦：「當然，$x \preceq x$ 也會符合這條式子，因為 $x \mid x = x$ 永遠會成立。這裡我們是用位元單位的邏輯或（$\mid$）來表示 $x \preceq y$，不過也可以用位元單位的邏輯與（&），表示成

$$x = x \mathbin{\&} y$$」

我：「原來……」

## 5.4　上界與下界

米爾迦：「既然已經知道如何用位元單位的邏輯或和邏輯與來表示順序關係 $x \preceq y$，接下來就用 $x \mid y$ 和 $x \,\&\, y$ 來表示順序關係吧！」

我：「表示順序關係？」

米爾迦：「對於僅含 $x$ 這個元素之集合 $\{x\}$ 來說，滿足 $x \preceq a$ 的 $a$ 稱做 $\{x\}$ 的上界。上界可能不只一個，舉例來說，

$\{1100\}$ 的上界共有 1100, 1101, 1110, 1111 等四個。

另外

$\{0101\}$ 的上界共有 0101, 0111, 1101, 1111 等四個。

看一下哈斯圖應該就很清楚了。」

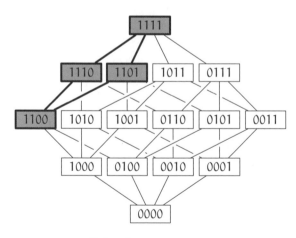

$\{1100\}$ 的上界為 1100, 1101, 1110, 1111

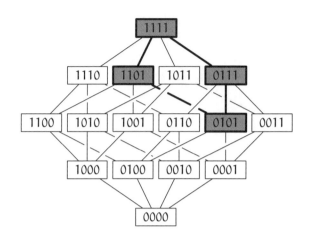

{0101}的上界為 0101, 0111, 1101, 1111

我：「簡單來說，{x}的上界就是『x以上』的元素對吧？」

米爾迦：「沒錯。同樣的，集合 {$x_1$, $x_2$} 的上界就是同時滿足 $x_1$ $\preceq$ a 和 $x_2$ $\preceq$ a 的 a。」

我：「原來如此。」

米爾迦：「在這裡出個小測驗。{1100, 0101}的上界是什麼呢？」

我：「很簡單啊。就是{1100}的上界和{0101}的上界重疊部分內的元素，也就是 1101 和 1111 這兩個元素。」

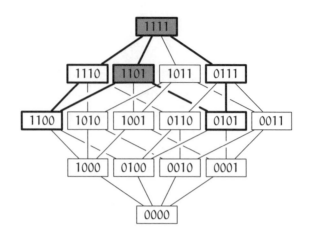

{1100, 0101} 的上界為 1101, 1111

米爾迦：「沒錯。再來，要是存在上界的最小元，這個最小元
　　　就稱做上限。若上界中的某一元素 $a$，與上界的任意元素
　　　$x$，滿足 $a \preceq x$ 之關係，則這個 $a$ 便稱做上界的最小元。上
　　　限也稱做最小上界。」

我：「出現了不少專門用語耶。所以，上限就是最小上界。」

米爾迦：「再出一個小測驗。{1100, 0101} 的上限是？」

我：「剛才已經求出上界了，所以上限就是 1101 和 1111 中比
　　　較小的那個……也就是 1101 嗎？」

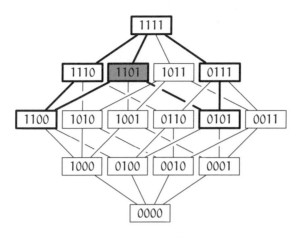

$\{1100, 0101\}$的上限為 $1101$

米爾迦：「正是如此。」

我：「若用哈斯圖來說，上限就像是『最近的共同祖先』對吧？」

米爾迦：「如果自己也被包括在『自己的祖先』中，就是這樣沒錯。」

我：「啊，是這樣啊。」

米爾迦：「我們已經用順序關係定義了上限。再來是這個。」

我：「？」

米爾迦：「1100 和 0101 的位元單位的邏輯或 1100|0101，就相當於$\{1100, 0101\}$的上限。兩個都是 1101。」

$$1100 \,|\, 0101 = 1101 = \{1100, 0101\} \text{ 的上限}$$

我：「嗯？為什麼突然出現位元單位的邏輯或呢？」

**米爾迦：**「對於集合 $B_4$ 的任意元素 $x_1, x_2$，

$$x_1 \mid x_2 = \{x_1, x_2\} \text{ 的上限}$$

這個等式會成立。故可以用位元單位的邏輯或來表示順序關係。」

**我：**「是這樣啊⋯⋯雖然有點驚訝，不過還算可以理解。

- $x_1$ 的上界是：將 $x_1$ 中的數個 0 轉變成 1 後所得到的位元型樣。
- $x_2$ 的上界是：將 $x_2$ 的數個 0 轉變成 1 後所得到的位元型樣。

而 $\{x_1, x_2\}$ 的上界則是以上兩者重疊的部分，是 $x_1$ 與 $x_2$ 經過 0 轉 1 的過程後可以得到的位元型樣。這之中最小的位元型樣會同時擁有來自 $x_1$ 和 $x_2$ 的 1，也就是 $x_1$ 和 $x_2$ 的邏輯或。」

**米爾迦：**「將上界與上限等用語上下反轉後，就是下界和下限。下限也稱做最大下界。」

**我：**「上下反轉⋯⋯是這個意思嗎？」

| 上界 | ←----→ | 下界 |
|---|---|---|
| 上限（最小上界） | ←----→ | 下限（最大下界） |

**米爾迦：**「位元單位的邏輯或可以用來表示上限，同樣的，位元單位的邏輯與可以用來表示下限。」

$$x_1 \mathbin{\&} x_2 = \{x_1, x_2\} \text{ 的下限}$$

我：「譬如 1100 & 0101 = 0100，而 {1100, 0101} 的下限也確實
　　是 0100。原來如此。」

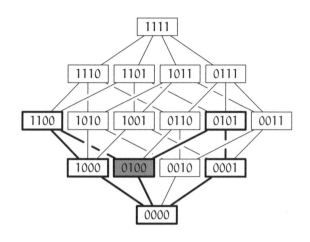

{1100, 0101} 的下限是 0100

## 5.5 最大元與最小元

米爾迦：「由 $B_4$ 的順序關係 $\preceq$，$B_4$ 的最大元為 1111。」

我：「因為 $B_4$ 中的任意元素 $x$ 都滿足 $x \preceq 1111$ 對吧？」

米爾迦：「因為 $B_4$ 中的任意元素 $x$ 都滿足 $x \preceq 1111$，且 1111
　　　　也是 $B_4$ 的元素。」

我：「1111 是集合 $B_4$ 內的最大元素——做出這種論述時，一定
　　要先聲明 1111 是 $B_4$ 的元素之一嗎？」

米爾迦：「沒錯。一般化的說法是：集合 $S$ 的最大元為 $a$，表

示 S 內的任意元素 x 皆滿足 x ⪯ a，且 a 為 S 的元素。同樣的，集合 S 的最小元為 a，表示 S 內的任意元素 x 皆滿足 a ⪯ x，且 a 為 S 的元素。」

我：「我知道。話說回來，我們之前求上界的最小元時，也是從上界的元素中尋找最小元的對吧（p.208）？」

米爾迦：「1111 是 $B_4$ 整體集合內的唯一上界，也是上限。1111 是最大元這件事也可以用位元演算來表示。對於 $B_4$ 的任意元素 x

$$x \mid 1111 = 1111$$

皆成立。」

我：「原來如此。而且這也可以上下反轉喔。$B_4$ 的最小元為 0000，$B_4$ 的任意元素 x 皆滿足 0000 ⪯ x。故 0000 是 $B_4$ 整體集合的唯一下界，也是下限。我們可以用位元演算來表示 0000 是最小元這件事：對於 $B_4$ 的任意元素 x

$$x \,\&\, 0000 = 0000$$

皆成立。$B_4$ 的順序關係 ⪯ 與位元演算可說是完美對應呢！」

米爾迦：「沒錯。將已知成立的式子的 ⪯ 兩邊交換、將 0 與 1 反轉、將 & 與 | 交換後，所得式子也成立。這種性質稱做**對偶**。另外，順序關係與位元演算可以完美對應，這代表我們能夠

以順序關係來表示位元反轉。」

## 5.6 補元

我：「用順序關係來表示位元反轉，也就是把 $x$ 轉變成 $\bar{x}$ ⋯⋯ 嗚，聽起來很困難啊。譬如 1110 在位元反轉後可以得到 0001

$$\overline{1110} = \bar{1}\bar{1}\bar{1}\bar{0} = 0001$$

那麼 1110 和 0001 之間又是什麼樣的順序關係呢？」

我看著哈斯圖思考著。

米爾迦：「用我們學過的知識就可以了。」

我：「如果是 1110 | 0001 = 1111，我是可以理解，就是求出 $x$ | $y$ 的最大元。」

米爾迦：「你能用順序關係來表示 $x$ | $y$ 嗎？」

我：「啊，是這樣嗎？{1110, 0001} 的上限——1111 是最大元，所以是這樣嗎？」

$$\bar{x} = a \iff \{x, a\} \text{ 的上限 = 最大元} \qquad (?)$$

米爾迦：「不，光是這樣還不夠，正確答案是這樣。」

$$\bar{x} = a \iff \begin{array}{l} \{x, a\} \text{ 的上限 = 最大元} \\ \text{且} \\ \{x, a\} \text{ 的下限 = 最小元} \end{array}$$

我：「我居然忘了。確實，應該要上下兩邊都顧到才行。若從哈斯圖來看，$\overline{1110} = 0001$ 就像這樣吧？」

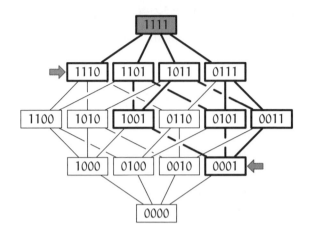

{1110, 0001} 的上限與最大元 1111 相等

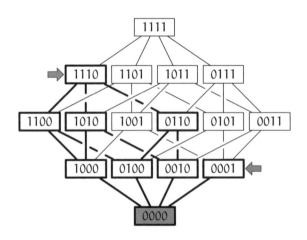

{1110, 0001} 的下限與最小元 0000 相等

米爾迦：「當 $\{x, a\}$ 的上限等於最大元，$\{x, a\}$ 的下限等於最小元，$a$ 就稱做 $x$ 的**補元**。集合 $B_4$ 中，$x$ 的補元就等於 $x$ 在位元反轉後的樣子。」

我：「補元……」

---

## 5.7　順序公理

米爾迦：「話說回來，你曉得順序關係的定義嗎？或者說，當我們想確認 $\preceq$ 能否代表 $B_4$ 的順序關係，該怎麼做呢？」

我：「用遞移律來確認就可以了吧？」

米爾迦：「不，只靠遞移律是不夠的。一般來說，會用自反律、反對稱律、遞移律來確認。這就是所謂的**順序公理**。」

順序公理

設 $x$、$y$、$m$ 為集合 $B$ 內的任意元素。

自反律　　　　　$x \preceq x$ 成立。

反對稱律　　　　若 $x \preceq y$ 且 $y \preceq x$，則 $x = y$ 成立。

遞移律　　　　　若 $x \preceq m$ 且 $m \preceq y$，則 $x \preceq y$ 成立。

- 當集合 $B$，與 $B$ 內的二元關係 $\preceq$
  滿足自反律、反對稱律、遞移律，稱 $\preceq$ 為 $B$ 內的**順序關係**。
- 集合 $B$，與 $B$ 內的順序關係 $\preceq$ 之組合（$B, \preceq$）
  稱做**順序集合**。
- 集合 $B$ 稱做順序集合（$B, \preceq$）的**支撐集合**。
- 當二元關係 $\preceq$ 顯然存在，可省略（$B, \preceq$）的 $\preceq$，稱「集合 $B$ 為順序集合」。

**米爾迦**：「這裡描述的是一般化的集合 $B$，而我們現在討論的是 $B_4$。（$B_4, \preceq$）是一個滿足順序公理的順序集合。」

**我**：「自反律 $x \preceq x$ 代表『自己是大於等於自己的元素』對吧？」

**米爾迦**：「是這樣沒錯。我們用 $<$ 而非 $\preceq$ 來定義順序關係時，不會用到自反律，不過那又是另一回事了。」

**我**：「反對稱律是：若 $x \preceq y$ 且 $y \preceq x$，則 $x = y$ 成立……從數的角度來看，感覺這似乎有些廢話耶。」

米爾迦：「順序公理是為了準確描述順序關係而定下的公理。
　　你知道，要是排除反對稱律，會變成什麼樣子嗎？」

我：「排除是什麼意思呢？」

米爾迦：「要是一個集合沒有滿足反對稱律，就會失去某些『順
　　序的樣子』。那麼，反對稱律所保障之『順序的樣子』究
　　竟是什麼呢？」

我：「還真是個抽象的問題啊──嗯，要是沒有反對稱律，順
　　序結構會變成什麼樣子？妳問的是這個吧？」

米爾迦：「就是這樣。」

我：「要是沒有反對稱律，

$$x \preceq y \text{ 且 } y \preceq x \text{，但 } x = y \text{ 不成立}$$

　　這種 $x$ 和 $y$ 不可能存在……啊，這種 $x$ 和 $y$ 還真的有可能
　　存在耶。如果用從 $x$ 指向 $y$ 的箭頭來表示 $x \preceq y$，可以畫
　　出兩個箭頭如下。」

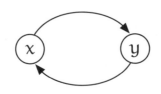

**要是沒有反對稱律**

米爾迦：「就是這樣。」

我：「反對稱律就像是在規定元素都得遵守方向性呢！」

米爾迦：「可以說是元素都遵守方向性，也可以說是遵守反對稱律。」

我：「原來如此。」

米爾迦：「自反律、反對稱律、遞移律等各個公理，都是為了保持『順序的樣子』的完整。」

我：「**遞移律**很有名，這個我很清楚喔。若 $x \preceq m$ 且 $m \preceq y$，則 $x \preceq y$ 成立。若希望建構順序關係，這確實是一個必備條件。因為，既然 $m$ 在 $x$ 以上的位置，$y$ 又在 $m$ 以上的位置，那麼我們自然會希望 $y$ 在 $x$ 以上的位置。若非如此，感覺順序就會亂掉。」

米爾迦：「我們之所以不需將哈斯圖中所有有 $x \preceq y$ 關係的 $x$ 與 $y$ 以邊連接起來，就是因為有遞移律。」

我：「原來如此。」

米爾迦：「讓我們試著在哈斯圖的邊的上端加個箭頭吧！遞移

律告訴我們，只要能沿著箭頭方向抵達的元素，都是比較大的元素。譬如說，比 0011 還大的元素就包括 1111、1011，以及 0111 等三個。」

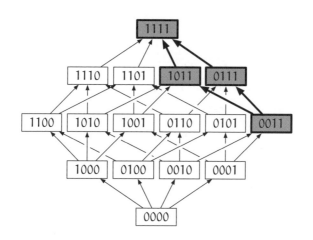

我：「嗯嗯。」

米爾迦：「哈斯圖中，只要用邊連接『比自己大一級』或『比自己小一級』的元素即可。因為有遞移律，故可以自行想像出延伸出去的邊。」

我：「確實如此。」

米爾迦：「另外，$B_4$ 元素間的順序關係並非只有一種。舉例來說，位元型樣 0001 與 1100 哪個比較『大』？隨著元素間順序關係的不同，這個問題會有不同的答案。比方說，如果這代表二進位數字，大小關係會是如何呢？」

我：「如果是二進位數字，因為 $(0001)_2 = 1$、$(1100)_2 = 12$，所以 1100 比 0001 還要大。」

米爾迦：「可是，如果這是有符號數，0001 是 1，1100 則是 −4，反而是 1100 比較小。也就是說，順序關係會依照定義的不同而有所差異。」

我：「也就是說，不同的定義會產生不同的順序關係對吧？」

米爾迦：「沒錯。不過，若要稱一個集合內的元素有『順序關係』，需滿足一個條件，那就是順序公理，也就是自反律、反對稱律、遞移律。」

我：「也就是說，公理可以表現出『順序的樣子』對吧？」

米爾迦：「除了順序公理，在位元的演算中，| 和 & 的**分配律**會成立。」

---

分配律

$$x \mathbin{\&} (y_1 \mid y_2) = (x \mathbin{\&} y_1) \mid (x \mathbin{\&} y_2)$$
$$x \mid (y_1 \mathbin{\&} y_2) = (x \mid y_1) \mathbin{\&} (x \mid y_2)$$

---

我：「這兩個也是對偶關係吧。」

米爾迦：「至此，已做好準備。」

我：「什麼準備？」

米爾迦：「定義**布爾代數**的準備。」

- 設存在一個集合 $B$。
- 設集合 $B$ 中存在已定義的二元關係 $\preceq$。
- 考慮集合 $B$ 與二元關係 $\preceq$ 的組合 $(B, \preceq)$。
- 稱滿足自反律、反對稱律、遞移律的組合 $(B, \preceq)$ 為順序集合。
- 若順序集合內任意二元素 $x$, $y$ 所構成的集合 $\{x, y\}$，必定存在上限與下限，稱做格。
- 滿足分配律的格，稱做分配格。
- 存在最大元與最小元，
- 且任意元素皆存在補元的格，稱做有補格。
- 同時為分配格與有補格的格，稱做布爾格。
- 布爾格滿足布爾代數的公理[*1]，故屬於布爾代數。

我：「就像繞了世界一圈一樣，實在太有趣了！」

米爾迦：「你想到哪裡，就能到哪裡。」

我：「咦？」

---

## 5.8 邏輯與集合

米爾迦：「從 0 與 1 的排列中，可以看到廣大的世界。將其視為二進位法時，是數字；將其視為位元型樣時，是電腦的資訊。」

我：「將其視為 pixel 時，是圖像？」

米爾迦：「沒錯。」

---

[*1] 附錄：參考布爾代數的公理（p.233）。

她盯著我的眼睛。

我：「然後……」

米爾迦：「將 0 視為偽、1 視為真時，就是**邏輯**。」

我：「譬如 0011，就是偽偽真真嗎？」

米爾迦：「這時候我們就會想到**集合**。譬如

$$S = \{1, 2, 3, 4\}$$

這個擁有四個元素的集合 $S$。」

我：「原來如此，然後呢？」

米爾迦：「集合中最基本的原理是：判斷某個元素 $x$ 是否屬於
集合 $S$，也就是

$$x \in S」$$

我：「因為集合是由元素構成的，所以這也理所當然吧？」

米爾迦：「沒錯，**集合由元素決定**。所以說如果 1, 2, 3, 4 這四
個元素可以共同決定某元素是否屬於集合 $S$ 的子集合，那
麼子集合便與四位元的位元型樣存在一對一的對應關
係。」

我：「咦，等一下，什麼意思？」

米爾迦：「譬如說，假設我們讓子集合 {3, 4} 與 0011 互相對
應，就會像這樣。」

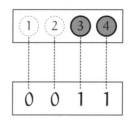

集合 $S = \{1, 2, 3, 4\}$ 的子集合 $\{3, 4\}$ 與 0011 之間的對應

我：「原來如此。也就是用位元型樣來表示集合內是否有某個
　　元素對吧？」

米爾迦：「這麼一來，將子集合連接起來的哈斯圖便如下所
　　　　示。」

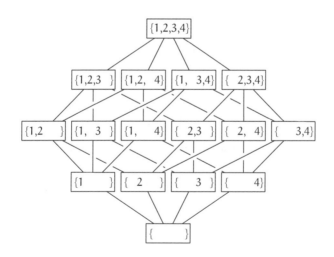

將子集合連接在一起的哈斯圖

我：「這麼說也沒錯。圖中的位元型樣彼此相連，故可藉由將
0 轉變成 1 的操作，從 0000 移動到 1111。在這個過程中，
集合內的元素也逐漸增加，從原本的空集 {} 轉變成全集 {1,
2, 3, 4}。『對位元型樣的操作』中的『將 0 轉變成 1』，可
以對應到『對集合的操作』中的『加入新的元素』對
吧？」

米爾迦：「對於集合 $S$ 的冪集 $P(S)$，可將集合的包含關係⊂當
做順序關係，建構順序集合（$P(S), \subset$）。」

我：「原來如此。也就是說，這個哈斯圖中就顯示了 $S$ 之所有
子集的順序關係。因此，對於所有子集之集合 $P(S)$，我們
能賦予其順序關係。剛好，對於四位元之位元型樣的全體
集合 $B_4$，我們可賦予順序關係 $\preceq$，得到順序集合（$B_4, \preceq$），
兩者可互相對應。」

$$B_4 = \{0000, 0001, 0010, \ldots, 1111\}$$
$$\mathcal{P}(S) = \Big\{ \{\}, \{4\}, \{3\}, \ldots, \{1, 2, 3, 4\} \Big\}$$

米爾迦：「沒錯。位元演算與集合演算可以互相對應。」

$$
\begin{array}{ccc}
x \preceq y & \longleftrightarrow & x \subset y \\
x \mid y & \longleftrightarrow & x \cup y \\
x \,\&\, y & \longleftrightarrow & x \cap y \\
\bar{x} & \longleftrightarrow & \bar{x}
\end{array}
$$

我：「還真有趣。位元單位的邏輯或可對應到**聯集**，位元單位
的邏輯與可對應到集合的**交集**！」

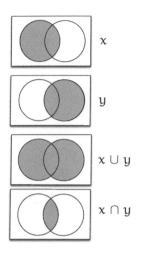

**集合的聯集∪與交集∩（文氏圖）**

米爾迦：「位元反轉可以和集合 $x$ 的補集 $\overline{x} = S \setminus x$ 對應。補集的『補』就是補元的『補』，也就是 complement。」

我：「原來這些表面看似不同的概念都是連接在一起的啊！」

---

## 5.9　因數與質因數分解

米爾迦：「再來看看另一種外表吧！210 的因數有幾個呢？」

我：「求 210 的因數是嗎──首先要將 210 質因數分解吧！」

$$210 = 2 \times 3 \times 5 \times 7$$

米爾迦：「然後呢？」

我：「210 的因數就是可以整除 210 的數，也就是可以整除 $2 \times 3 \times 5 \times 7$ 的數。從 2, 3, 5, 7 這四個質數中任選數個相乘後得到的數，就是 210 的因數，所以因數共有 $2^4$ 個，也就是 16 個——啊，這也是嗎？」

米爾迦：「發現了嗎？」

我：「發現了。和剛才一樣，只要能建構出一對一的對應就可以了。舉例來說，210 的因數——$35 = 5 \times 7$，可以說是於 2, 3, 5, 7 中『不選 2 和 3，選取 5 和 7』。如果用 0 代表沒被選取，1 代表被選取，那麼 35 就會對應到 0011。」

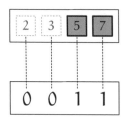

210 的因數 $5 \times 7$ 可對應到 0011

米爾迦：「接下來還可畫出『相同』的哈斯圖。」

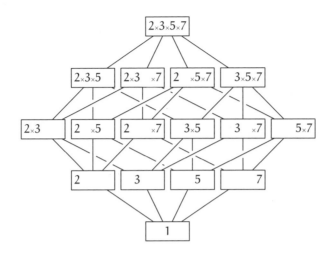

**將因數連接在一起的哈斯圖**

我：「原來如此。沿著邊往上方前進時，就相當於和尚未接觸
　　過的一個質因數相乘是嗎。」

米爾迦：「就是這樣。」

我：「『位元型樣』『子集』『因數』的哈斯圖都『相同』，
　　這還真有趣。明明這些是完全不同的領域。」

米爾迦：「在位元型樣中，增加數值為 1 的位元；在子集中，
　　增加新的元素；在因數中，與新的質因數相乘。操作雖然
　　各不相同，但從哈斯圖看來卻『相同』。因為它們都擁有
　　『相同』的順序結構──

　　　　同型的順序結構

　　位元型樣、集合、因數……皆可視為布爾代數。」

我：「明明是不同的領域，卻有著對應的概念，真的很神奇！感覺還有許多新的東西等著我們探索呢！究竟我們可以前進到哪裡呢？」

米爾迦：「你想到哪裡，就能到哪裡。」

　　米爾迦微笑地說著。

　　　　　　　　　　　　「如果『2』不表示『2 顆蘋果』，還有什麼用呢？」

## 第 5 章的問題

問題 5-1（哈斯圖）

設有三個位元的全體位元型樣集合為 $B_3$。

$$B_3 = \{000, 001, 010, 011, 100, 101, 110, 111\}$$

當我們賦予集合 $B_3$ 以下①～④的順序關係，哈斯圖分別會是什麼樣子？試描繪出來。

①若位元型樣 $x$ 的 $n$ 個 0 轉變成 1 後可得到 $y$，則 $x \preceq y$（$n = 0, 1, 2, 3$）。

②若「$x$ 的 1 的個數」≤「$y$ 的 1 的個數」，則 $x \preceq y$。

③若以二進位法解釋位元型樣時為 $x \leq y$，則 $x \preceq y$。

④若以 2 的補數表示法（有符號數）解釋位元型樣時為 $x \leq y$，則 $x \preceq y$。

（解答在 p.268）

問題 5-2（猜拳）

設猜拳手勢的集合為 $J$。

$$J = \{石頭、剪刀、布\}$$

若 $J$ 的元素 $x$ 與 $y$ 之間的關係為

$$y \text{ 勝過 } x \text{，或是 } x \text{ 與 } y \text{ 平手}$$

則可表示為

$$x \preceq y$$

譬如

$$剪刀 \preceq 石頭$$

那麼，$(J, \preceq)$ 是一個順序集合嗎？

（解答在 p.271）

問題 5-3（位元型樣的順序關係）

正文中以位元單位的邏輯或、邏輯與為例，說明順序集合 $(B_4, \preceq)$（參考 p.205）。試證明，當 $x$ 與 $y$ 為 $B_4$ 的元素時，以下式子成立。

$$x \mid y = y \iff x \,\&\, y = x$$

（解答在 p.272）

**問題 5-4**（笛摩根定律）

位元演算需遵守笛摩根定律如下。

$$\overline{x \& y} = \bar{x} \mid \bar{y}$$

$$\overline{x \mid y} = \bar{x} \& \bar{y}$$

集合代數也需遵守笛摩根定律如下。

$$\overline{x \cap y} = \bar{x} \cup \bar{y}$$

$$\overline{x \cup y} = \bar{x} \cap \bar{y}$$

對於 210 之全體因數之集合賦予順序關係 ⪯ 後，可得布爾代數。

$$x \preceq y \quad \Longleftrightarrow \quad \ulcorner x \text{ 為 } y \text{ 的因數} \lrcorner$$

布爾代數也會遵守笛摩根定律，那麼這裡的笛摩根定律該用什麼樣的式子來表現呢？

（解答在 p.273）

**問題 5-5**（圖案的順序關係）

從時鐘盤面上 12 時處開始，等間隔標上記號，可得到六種圖案。設所有圖案的集合 $M$ 為

$$M = \{\, \bullet, \bullet, \bullet, \bullet, \bullet, \bullet \,\}$$

若集合 $M$ 的元素 $x$ 與 $y$ 符合以下條件，

　　將 $y$ 疊在 $x$ 上方時，
　　$y$ 的記號可以完全蓋住 $x$。

便可以用

$$x \preceq y$$

來表示它們的關係。譬如說

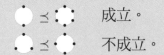

試描繪出順序集合 $(M, \preceq)$ 的哈斯圖。

（解答在 p.275）

# 附錄：布爾代數的公理

假設 $B$ 是一個含有兩個以上之元素的集合，且 $x, y, z$ 為 $B$ 中的任意元素。

- 集合 $B$ 內的元素中有**最小元**，0。
- 集合 $B$ 內的元素中有**最大元**，1。
- 定義集合 $B$ 內的二元演算 $\vee$，
  稱 $x \vee y$ 為 $x$ 與 $y$ 的**並運算**。
- 定義集合 $B$ 內的二元演算 $\wedge$，
  稱 $x \wedge y$ 為 $x$ 與 $y$ 的**交運算**。
- 定義集合 $B$ 內的一元演算 $\overline{\phantom{x}}$，
  稱 $\bar{x}$ 為 $x$ 的**補元**。

此時，滿足以下所有公理之組合（$B, 0, 1, \vee, \wedge, \overline{\phantom{x}}$），稱做布爾代數。

| | | |
|---|---|---|
| 交換律 | $x \vee y = y \vee x$ | $x \wedge y = y \wedge x$ |
| 同一律 | $x \vee 0 = x$ | $x \wedge 1 = x$ |
| 補元律 | $x \vee \bar{x} = 1$ | $x \wedge \bar{x} = 0$ |
| 分配律 | $x \vee (y \wedge z) = (x \vee y) \wedge (x \vee z)$ | |
| | $x \wedge (y \vee z) = (x \wedge y) \vee (x \wedge z)$ | |

# 附錄：布爾代數範例與對應關係

| 支撐集合 | 順序關係 | 最小元 | 最大元 | 並運算 | 交運算 | 補元 |
|---|---|---|---|---|---|---|
| B | $x \preceq y$ | 0 | 1 | $x \vee y$ | $x \wedge y$ | $\bar{x}$ |
| $B_4$ | $x \preceq y$ | 0000 | 1111 | $x \mid y$ | $x \And y$ | $\bar{x}$ |
| $\mathcal{P}(S)$ | $x \subset y$ | {} | $S$ | $x \cup y$ | $x \cap y$ | $S \setminus x$ |
| $D_{210}$ | $x$ 為 $y$ 的因數 | 1 | 210 | $\mathrm{lcm}(x,y)$ | $\gcd(x,y)$ | $210/x$ |
| $D_{210}$ | $x$ 為 $y$ 的倍數 | 210 | 1 | $\gcd(x,y)$ | $\mathrm{lcm}(x,y)$ | $210/x$ |

- $P(S)$ 為集合 $S$ 的冪集合[*2]。
- $x \subset y$ 表示集合 $x$ 為集合 $y$ 的子集合，亦包含 $x = y$ 的情形。有時會寫成 $x \subseteq y$ 或 $x \subseteq y$。
- $S \setminus x$ 為差集 $\{a \mid a \in S$ 且 $a \notin x\}$。
- $B_4$ 為四位元之所有位元型樣的集合。
- $D_{210}$ 為 210 之所有因數的集合。
- $\mathrm{lcm}(x, y)$ 為 $x$ 與 $y$ 的最小公倍數[*3]。
- $\gcd(x, y)$ 為 $x$ 與 $y$ 的最大公因數[*4]。
- $210 / x$ 表示 210 除以 $x$。

---

[*2] 集合 $S$ 的冪集合為：集合 $S$ 之所有子集合的集合。

[*3] 最小公倍數（least common multiple）。

[*4] 最大公因數（greatest common divisor）。

# 尾聲

　　某天，某時，在數學資料室。

少女：「哇，有好多東西喔！」

老師：「是啊。」

少女：「老師，這是什麼呢？」

| 0000 | 0001 | 0011 | 0010 |
|------|------|------|------|
| 0100 | 0101 | 0111 | 0110 |
| 1100 | 1101 | 1111 | 1110 |
| 1000 | 1001 | 1011 | 1010 |

老師：「妳覺得是什麼呢？」

少女：「從 0000 到 1111 的十六個位元型樣。」

老師：「妳覺得這是依照什麼規則排列的呢？」

少女：「第一列是 00∗∗ 的位元型樣、第二列是 01∗∗ 的位元型
　　　樣……所以這是把四個位元分成前兩個位元和後兩個位
　　　元，再分別選擇不同的型樣組合而成的吧？」

|       | **00 | **01 | **11 | **10 |
|-------|------|------|------|------|
| 00**  | 0000 | 0001 | 0011 | 0010 |
| 01**  | 0100 | 0101 | 0111 | 0110 |
| 11**  | 1100 | 1101 | 1111 | 1110 |
| 10**  | 1000 | 1001 | 1011 | 1010 |

老師：「順序又是怎麼決定的呢？」

少女：「不管是橫向前進還是縱向前進，每次都只會改變一個位元。」

老師：「是啊。右端可以再回到左端、下端可以再回到上端。」

少女：「也就是說，可以鋪滿整個平面……」

老師：「不只是橫向或縱向，也可以像這樣巡迴各地。」

| 0000 | 0001 | 0011 | 0010 |
|------|------|------|------|
| 0100 | 0101 | 0111 | 0110 |
| 1100 | 1101 | 1111 | 1110 |
| 1000 | 1001 | 1011 | 1010 |

少女：「也可以這樣巡迴喔！」

| 0000 | 0001 | 0011 | 0010 |
|------|------|------|------|
| 0100 | 0101 | 0111 | 0110 |
| 1100 | 1101 | 1111 | 1110 |
| 1000 | 1001 | 1011 | 1010 |

老師：「如果是四位元，就有四種改變一個位元的方法。」

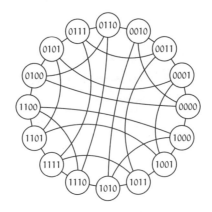

少女：「可是這張圖的邊會相交耶……」

老師：「若是不希望邊相交，提高維度就行了。」

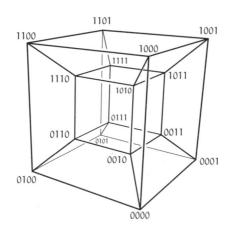

少女：「老師好厲害！」

老師：「當然，也可以藉由邊巡迴所有頂點。」

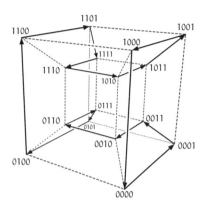

少女：「最高位元為 0 的下半部，和最高位元為 1 的上半部可
以分開耶！」

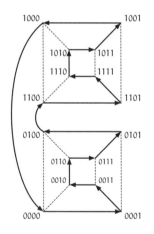

少女一邊說，一邊「呵呵呵」的笑著。

# 【解答】

A    N    S    W    E    R    S

## 第 1 章的解答

---

> ●問題 1-1（彎起或張開手指）
> 本書用彎起手指與張開手指來表示 1 與 0，並藉此表示二
> 進位法中的 0, 1, 2, 3, …, 31 等 32 個數。這 32 個數中，
> 「張開食指」的數有幾個呢？

■解答 1-1

　　將五根手指中的食指保持在張開的狀態，考慮剩下四根手
指張開或彎起的情況，可以知道一共有 $2^4 = 16$ 種狀態。

答：有 16 個數

**補充**

　　不只在保持食指張開的狀態下可以比出 16 個數。只要是固
定一根手指，都可以用剩下四根手指來比出 16 個數。

●問題 1-2（以二進位法表示）

以下①～⑧是用十進位法表示的數，請改用二進位法來表示這些數。

例 $12 = (1100)_2$

① 0

② 7

③ 10

④ 16

⑤ 25

⑥ 31

⑦ 100

⑧ 128

■解答 1-2

① $0 = (0)_2$

② $7 = (111)_2$

③ $10 = (1010)_2$

④ $16 = (10000)_2$

⑤ $25 = (11001)_2$

⑥ $31 = (11111)_2$

⑦ $100 = (1100100)_2$

⑧ $128 = (10000000)_2$

與 p.29 的「以二進位法表示 39」所用的方法一樣，只要反覆除以 2 求出餘數，就可以依序得到最末位開始的各個數字。

另外，如果有把 2 的乘冪（$2^n = 1, 2, 4, 8, 16, 32, 64, 128, 256,$ …）背下來，碰到 $2^n, 2^n + 1, 2^n - 1$ 等形式的數，就可以在不做除法的情況下直接寫出二進位法的數字，因為它們寫成二進位法時，0 與 1 會有很特別的排列，如下所示。

$$2^n = (\underbrace{1000 \cdots 00}_{n})_2$$

$$2^n + 1 = (\underbrace{1000 \cdots 01}_{n})_2$$

$$2^n - 1 = (\underbrace{111 \cdots 11}_{n})_2$$

●問題 1-3（以十進位法表示）

以下①～⑧是用二進位法表示的數，請改用十進位法來表示這些數。

例 $(11)_2 = 3$

① $(100)_2$

② $(110)_2$

③ $(1001)_2$

④ $(1100)_2$

⑤ $(1111)_2$

⑥ $(10001)_2$

⑦ $(11010)_2$

⑧ $(11110)_2$

## ■解答 1-3

① $(100)_2 = 4$

② $(110)_2 = 4 + 2 = 6$

③ $(1001)_2 = 8 + 1 = 9$

④ $(1100)_2 = 8 + 4 = 12$

⑤ $(1111)_2 = 8 + 4 + 2 + 1 = 15$

⑥ $(10001)_2 = 16 + 1 = 17$

⑦ $(11010)_2 = 16 + 8 + 2 = 26$

⑧ $(11110)_2 = 16 + 8 + 4 + 2 = 30$

●問題 1-4（以十六進位法表示）

有些程式碼不使用二進位法，也不使用十進位法，而是使用十六進位法。十六進位法需要十六種數字，故使用字母來表示 10 到 15 的數字。也就是說，十六進位法所使用的「數字」為

$$0, 1, 2, 3, 4, 5, 6, 7, 8, 9, A, B, C, D, E, F$$

等十六種。請用十六進位法來表示以下數字。

例 $(17)_{10} = (11)_{16}$
例 $(00101010)_2 = (2A)_{16}$
① $(10)_{10}$
② $(15)_{10}$
③ $(200)_{10}$
④ $(255)_{10}$
⑤ $(1100)_2$
⑥ $(1111)_2$
⑦ $(11110000)_2$
⑧ $(10100010)_2$

■解答 1-4

① $(10)_{10} = (A)_{16}$
② $(15)_{10} = (F)_{16}$
③ $(200)_{10} = (C8)_{16}$
④ $(255)_{10} = (FF)_{16}$

⑤ $(1100)_2 = (C)_{16}$
⑥ $(1111)_2 = (F)_{16}$
⑦ $(11110000)_2 = (F0)_{16}$
⑧ $(10100010)_2 = (A2)_{16}$

---

●問題 1-5（$2^n-1$）

設 $n$ 為大於等於 1 的整數。試證明，$n$ 非質數時，

$$2^n - 1$$

亦非質數。

**提示**：「$n$ 非質數」即表示「$n=1$，或者存在 $a$ 與 $b$ 兩個大於 1 的整數滿足 $n = ab$」。

---

■解答 1-5

**證明**

　　$n = 1$ 時，因為 $2^n - 1 = 2^1 - 1 = 1$，故 $2n - 1$ 不是質數。

　　設某個 $n > 1$ 的整數 $n$ 非質數。此時，應存在兩個大於 1 的整數 $a$ 與 $b$，使

$$n = ab$$

成立。故 $2^n - 1$ 可變形如下。

$$2^n - 1 = 2^{ab} - 1 \qquad\qquad\qquad \text{由 } n = ab$$
$$= (2^a - 1)(2^{a(b-1)} + 2^{a(b-2)} + \cdots + 2^{a \cdot 0}) \quad \text{由因式分解}$$

另外，由於 $a > 1$ 且 $b > 1$，故

$$2^a - 1 \qquad \text{與} \qquad 2^{a(b-1)} + 2^{a(b-2)} + \cdots + 2^{a \cdot 0}$$

皆為大於 1 的整數。因此，$2^n - 1$ 不是質數。
（證明結束）

## 補充[*1]

上述證明中出現了

$$2^n - 1 = (2^a - 1)(2^{a(b-1)} + 2^{a(b-2)} + \cdots + 2^{a \cdot 0})$$

這個因式分解。若以二進位法表示這條式子，可以得到規則的數字排列如下

$$\underbrace{(111 \cdots 1)_2}_{n = ab \text{ 位數}} = \underbrace{(111 \cdots 1)_2}_{a \text{ 位數}} \cdot (\underbrace{000 \cdots 01}_{a \text{ 位數}} \underbrace{000 \cdots 01}_{a \text{ 位數}} \cdots \underbrace{000 \cdots 01}_{a \text{ 位數}})_2$$

$$\text{有 } b \text{ 個 } a \text{ 位數 } 000 \cdots 01$$

這表示，若 $n = ab$，$2^n - 1$ 便能因式分解。舉例來說，當 $n = 12$、$a = 3$、$b = 4$，可以寫成

$$2^{12} - 1 = (2^3 - 1)(2^{3 \cdot 3} + 2^{3 \cdot 2} + 2^{3 \cdot 1} + 2^{3 \cdot 0})$$
$$(111111111111)_2 = (111)_2 \cdot (001001001001)_2$$

---

[*1] 這項補充來自永島孝先生的提示。

## 第 2 章的解答

●問題 2-1（有幾種可能）

第 2 章中處理的是由十六列，每列十六個 pixel 所組成的黑白圖像。用這些 pixel 表現黑白圖像時，總共可以表現出幾種圖像呢？

■解答 2-1

一個 pixel 有白或黑兩種可能，共有 $16 \times 16 = 256$ 個 pixel，故由以下計算

$$\underbrace{2 \times 2 \times \cdots \times 2}_{256 \text{ 個 } 2} = 2^{256}$$

可以得到，這些 pixel 共可表現出 $2^{256}$ 種圖像。

答：$2^{256}$ 種

## 補充

若用二進位法來表記 $2^{256}$ 這個數，可以得到

```
10000000000000000000000000000000000000000000000000
00000000000000000000000000000000000000000000000000
00000000000000000000000000000000000000000000000000
00000000000000000000000000000000000000000000000000
00000000000000000000000000000000000000000000000000
0000000
```

這樣的數字（1的後面有256個0）。而若用十進位法來表示這個數字，則是

```
11579208923731619542357098500868790785326998466564
05640394575840079131296 39936
```

### ●問題 2-2（位元演算）

請用四位數的二進位數表示①～③的位元演算結果。

例 $(\overline{1100})_2 = (0011)_2$

① $(0101)_2 \mid (0011)_2$

② $(0101)_2 \, \& \, (0011)_2$

③ $(0101)_2 \oplus (0011)_2$

### ■解答 2-2

① $(0101)_2 \mid (0011)_2 = (0111)_2$

② $(0101)_2 \, \& \, (0011)_2 = (0001)_2$

③ $(0101)_2 \oplus (0011)_2 = (0110)_2$

●問題 2-3（製作濾波器 IDENTITY）

試製作出能將接收到的訊息保持原樣送出的濾波器 IDENTITY。將濾波器 IDENTITY 插在掃描器與印表機之間並執行時，得到的執行結果應如下。

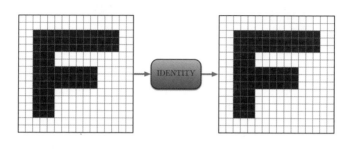

■解答 2-3

　　該濾波器需將接收到的訊息直接發送出去，故程式碼如下。

```
1:   program IDENTITY
2:       k ← 0
3:       while k < 16 do
4:           x ←〈接收訊息〉
5:           〈傳送 x〉
6:           k ← k + 1
7:       end-while
8:   end-program
```

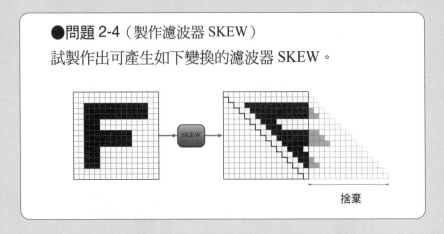

●問題 2-4（製作濾波器 SKEW）

試製作出可產生如下變換的濾波器 SKEW。

捨棄

■解答 2-4

　　該濾波器需將接收到的訊息往右移動 $k$ 位元後再傳送出去，其中 $k = 0, 1, 2, \cdots, 15$，故程式碼如下。

```
1:   program SKEW
2:       k ← 0
3:       while k < 16 do
4:           x ← 〈接收訊息〉
5:           x ← x ≫ k
6:           〈傳送 x〉
7:           k ← k + 1
8:       end-while
9:   end-program
```

　　這裡令 $x \gg 0 = x$。

　　另外，若將第 5 行改成 $x \leftarrow x \text{ div } 2^k$，也會得到同樣的結果。

●問題 2-5（除法與往右移動）

第 2 章中，蒂蒂用 $x = 8$ 與 $x = 7$ 為例，確認並認同了

$$x \gg 1 = x \operatorname{div} 2$$

這個等式成立（p.62）。試證明這個等式對於任何 x 都會成立。

提示：設 $x = (x_{15}x_{14}\cdots x_0)_2$，並以此解題。

■解答 2-5

證明

設 $x_0, x_1, x_2, \cdots, x_{15}$ 皆為 0 或 1，那麼 $x$ 可表示為以下算式。

$$\begin{aligned}
x &= (x_{15}x_{14}\cdots x_0)_2 \\
&= 2^{15}x_{15} + 2^{14}x_{14} + \cdots + 2^1 x_1 + 2^0 x_0
\end{aligned}$$

另外，此時 $x \gg 1$ 亦可用以下方式表示。

$$\begin{aligned}
x \gg 1 &= (x_{15}x_{14}\cdots x_1)_2 \qquad 捨去\, x_0 \\
&= 2^{14}x_{15} + 2^{13}x_{14} + \cdots + 2^0 x_1 \qquad\qquad \cdots\cdots \text{①}
\end{aligned}$$

計算 $x \operatorname{div} 2$。

$$x \operatorname{div} 2 = (x_{15}x_{14} \cdots x_0)_2 \operatorname{div} 2$$
$$= (2^{15}x_{15} + 2^{14}x_{14} + \cdots + 2^1 x_1 + 2^0 x_0) \operatorname{div} 2$$

計算「各項 $\operatorname{div} 2$」

$$= (2^{15}x_{15} \operatorname{div} 2) + (2^{14}x_{14} \operatorname{div} 2)$$
$$+ \cdots + (2^1 x_1 \operatorname{div} 2) + (2^0 x_0 \operatorname{div} 2)$$

因為 $2^0 x_0$ 為 0 或 1，故 $2^0 x_0 \operatorname{div} 2 = 0$。

$$= (2^{15}x_{15} \operatorname{div} 2) + (2^{14}x_{14} \operatorname{div} 2)$$
$$+ \cdots + (2^1 x_1 \operatorname{div} 2)$$
$$= 2^{14}x_{15} + 2^{13}x_{14} + \cdots + 2^0 x_1 \qquad \cdots\cdots ②$$

由①和②可以得到

$$x \gg 1 = x \operatorname{div} 2$$

（證明結束）

## 第 3 章的解答

●問題 3-1（以五個位元表示整數）

試製作「位元型樣與整數的對應表（四位元）」（p. 108）的五位元版本。

| 位元型樣 | 無符號數 | 有符號數 |
|---|---|---|
| 00000 | 0 | 0 |
| 00001 | 1 | 1 |
| 00010 | 2 | 2 |
| 00011 | 3 | 3 |
| ⋮ | ⋮ | ⋮ |

## ■解答 3-1

| 位元型樣 | 無符號數 | 有符號數 |
|---|---|---|
| 00000 | 0 | 0 |
| 00001 | 1 | 1 |
| 00010 | 2 | 2 |
| 00011 | 3 | 3 |
| 00100 | 4 | 4 |
| 00101 | 5 | 5 |
| 00110 | 6 | 6 |
| 00111 | 7 | 7 |
| 01000 | 8 | 8 |
| 01001 | 9 | 9 |
| 01010 | 10 | 10 |
| 01011 | 11 | 11 |
| 01100 | 12 | 12 |
| 01101 | 13 | 13 |
| 01110 | 14 | 14 |
| 01111 | 15 | 15 |
| 10000 | 16 | −16 |
| 10001 | 17 | −15 |
| 10010 | 18 | −14 |
| 10011 | 19 | −13 |
| 10100 | 20 | −12 |
| 10101 | 21 | −11 |
| 10110 | 22 | −10 |
| 10111 | 23 | −9 |
| 11000 | 24 | −8 |
| 11001 | 25 | −7 |
| 11010 | 26 | −6 |
| 11011 | 27 | −5 |
| 11100 | 28 | −4 |
| 11101 | 29 | −3 |
| 11110 | 30 | −2 |
| 11111 | 31 | −1 |

●問題 3-2（以八位元表示整數）

下表為「位元型樣與整數的對應表（八位元）」的一部分。請將數字填入空格。

| 位元型樣 | 無符號數 | 有符號數 |
|---|---|---|
| 00000000 | 0 | 0 |
| 00000001 | 1 | 1 |
| 00000010 | 2 | 2 |
| 00000011 | 3 | 3 |
| ⋮ | ⋮ | ⋮ |
| ☐ | 31 | ☐ |
| ☐ | 32 | ☐ |
| ⋮ | ⋮ | |
| 01111111 | ☐ | ☐ |
| 10000000 | ☐ | ☐ |
| ⋮ | ⋮ | |
| ☐ | ☐ | −32 |
| ☐ | ☐ | −31 |
| ⋮ | | ⋮ |
| 11111110 | ☐ | ☐ |
| 11111111 | ☐ | ☐ |

## ■解答 3-2

| 位元型樣 | 無符號數 | 有符號數 |
|---|---|---|
| 00000000 | 0 | 0 |
| 00000001 | 1 | 1 |
| 00000010 | 2 | 2 |
| 00000011 | 3 | 3 |
| ⋮ | ⋮ | ⋮ |
| 00011111 | 31 | 31 |
| 00100000 | 32 | 32 |
| ⋮ | ⋮ | ⋮ |
| 01111111 | 127 | 127 |
| 10000000 | 128 | −128 |
| ⋮ | ⋮ | ⋮ |
| 11100000 | 224 | −32 |
| 11100001 | 225 | −31 |
| ⋮ | ⋮ | ⋮ |
| 11111110 | 254 | −2 |
| 11111111 | 255 | −1 |

## 補充

由這張表的各列可以看出，

「無符號數」－「有符號數」的值必為 256 的倍數。換言之，以下式子必成立。

$$「無符號數」\equiv「有符號數」\pmod{256}$$

（關於 mod 的說明，請參考 p.262）

●問題 3-3（2 的補數表示法）

2 的補數表示法可以用四個位元來表示滿足以下不等式的所有整數 $n$。

$$-8 \leq n \leq 7$$

設當有 $N$ 個位元，2 的補數表示法可用來表示某一範圍內的整數 $n$。試用同樣的不等式來表示這個範圍。其中，$N$ 為正整數。

■解答 3-3

當最高位為 $0$，剩下的 $N-1$ 個位元可以用來表示

$$0, 1, 2, 3, \ldots, 2^{N-1} - 1$$

等，共 $N-1$ 個大於等於 $0$ 的整數。

另外，最高位為 $1$ 時，剩下的 $N-1$ 個位元可以用來表示

$$-1, -2, -3, -4, \ldots, -2^{N-1}$$

等，共 $N-1$ 個小於 $0$ 的整數。

因此，2 的補數表示法中，$N$ 個位元可以用來表示滿足以下不等式之所有整數 $n$。

$$-2^{N-1} \leq n \leq 2^{N-1} - 1$$

$$\text{答：} -2^{N-1} \leq n \leq 2^{N-1} - 1$$

## 補充

令 $N=4$ 進行驗算，可得

$$-2^{4-1} \leqq n \leqq 2^{4-1} - 1$$

確實可得到 $-8 \leqq n \leqq 7$。

---

●問題 3-4（溢位）

以四個位元來表示無符號整數。試問，這些整數中，有幾個在「反轉所有位元再加 1」之後，會出現溢位狀況呢？

---

■解答 3-4

只有 1111 在加上 1 之後會造成溢位。因此，經過「反轉所有位元後再加 1」這個計算過程後會出現溢位情況的數，就只有 0000，也就是 0 一個而已。

答：1 個

---

●問題 3-5（符號反轉後仍不變的位元型樣）

在四位元的位元型樣中，經過「反轉所有位元再加 1，並忽略溢位的位元」這樣的操作後，有哪些位元型樣不會改變呢？

**■解答 3-5**

包括有 0000 與 1000。

<u>答：0000 與 1000</u>

**補充**

符號反轉後仍不變的位元型樣——0000 與 1000 分別表示 0 與 −8。而 0 與 −8 皆為「以 16 為除數時，與反轉後的數同餘的數」。

$$0 \equiv -0 \quad (\text{mod } 16)$$
$$-8 \equiv 8 \quad (\text{mod } 16)$$

下表中，只有 0000 與 1000 列中的數為「以 16 為除數時，與反轉後的數同餘的數」。

| 0000 | ⋯ | −48 | −32 | −16 | 0 | 16 | 32 | 48 | ⋯ |
|------|---|-----|-----|-----|---|----|----|----|---|
| 0001 | ⋯ | −47 | −31 | −15 | 1 | 17 | 33 | 49 | ⋯ |
| 0010 | ⋯ | −46 | −30 | −14 | 2 | 18 | 34 | 50 | ⋯ |
| 0011 | ⋯ | −45 | −29 | −13 | 3 | 19 | 35 | 51 | ⋯ |
| 0100 | ⋯ | −44 | −28 | −12 | 4 | 20 | 36 | 52 | ⋯ |
| 0101 | ⋯ | −43 | −27 | −11 | 5 | 21 | 37 | 53 | ⋯ |
| 0110 | ⋯ | −42 | −26 | −10 | 6 | 22 | 38 | 54 | ⋯ |
| 0111 | ⋯ | −41 | −25 | −9 | 7 | 23 | 39 | 55 | ⋯ |
| 1000 | ⋯ | −40 | −24 | −8 | 8 | 24 | 40 | 56 | ⋯ |
| 1001 | ⋯ | −39 | −23 | −7 | 9 | 25 | 41 | 57 | ⋯ |
| 1010 | ⋯ | −38 | −22 | −6 | 10 | 26 | 42 | 58 | ⋯ |
| 1011 | ⋯ | −37 | −21 | −5 | 11 | 27 | 43 | 59 | ⋯ |
| 1100 | ⋯ | −36 | −20 | −4 | 12 | 28 | 44 | 60 | ⋯ |
| 1101 | ⋯ | −35 | −19 | −3 | 13 | 29 | 45 | 61 | ⋯ |
| 1110 | ⋯ | −34 | −18 | −2 | 14 | 30 | 46 | 62 | ⋯ |
| 1111 | ⋯ | −33 | −17 | −1 | 15 | 31 | 47 | 63 | ⋯ |

　　一般情況下，當整數 $x, y, M$ 滿足「$x$ 除以 $M$ 之餘數」與「$y$ 除以 $M$ 之餘數」相等之條件，我們會說「以 $M$ 為除數時，$x$ 與 $y$ 同餘」。而且，我們會將「以 $M$ 為除數時，$x$ 與 $y$ 同餘」表示如下。

$$x \equiv y \pmod M$$

## 第 4 章的解答

●問題 4-1（挑戰 Full trip）

本文中「我」按照

$$0000 \to 000\underline{1} \to 00\underline{1}1 \to 001\underline{0} \to \cdots$$

的順序改變位元型樣（p.159）。要是「我」選擇了別的途徑，如下

$$0000 \to 000\underline{1} \to 00\underline{1}1 \to 0\underline{1}11 \to \cdots$$

還有辦法達到 Full trip 嗎？

■解答 4-1

可以。如下所示。

$$0000 \to 000\underline{1} \to 00\underline{1}1 \to 0\underline{1}11 \to \underline{1}111 \to 111\underline{0} \to 11\underline{0}0 \to 110\underline{1}$$
$$\to \underline{0}101 \to 010\underline{0} \to 01\underline{1}0 \to 0\underline{0}10 \to \underline{1}010 \to 101\underline{1} \to 100\underline{1} \to 100\underline{0}$$

●問題 4-2（直尺函數）

試用遞迴式來定義直尺函數 $\rho(n)$。

| $n$ | 1 | 2 | 3 | 4 | 5 | 6 | 7 | 8 | 9 | 10 | 11 | 12 | 13 | 14 | 15 | ... |
|---|---|---|---|---|---|---|---|---|---|---|---|---|---|---|---|---|
| $\rho(n)$ | 0 | 1 | 0 | 2 | 0 | 1 | 0 | 3 | 0 | 1 | 0 | 2 | 0 | 1 | 0 | ... |

■解答 4-2

$\rho(n)$ 的定義為「以二進位法表記 $n$ 時，右端的 0 的個數（可以整除 $n$ 的 $2^m$ 中，最大的 $m$）」。故可得到以下遞迴式（$n=1$, 2, 3, …）。

$$\begin{cases} \rho(1) = 0 \\ \rho(2n) = \rho(n) + 1 \\ \rho(2n+1) = 0 \end{cases}$$

**補充**

1 與 $2n+1$ 為奇數，故顯然 $\rho(1)=0$、$\rho(2n+1)=0$。以二進位法表示奇數時，右端一個 0 都沒有。

$2n$ 為 $n$ 的兩倍，故以二進位法表示 $2n$ 時，右端的 0 的個數會比以二進位表示的 $n$ 還要多 1 個。也就是說，$\rho(2n) = \rho(n) + 1$。

●問題 4-3（位元型樣表的倒轉）

p.166 中，米爾迦提到了位元型樣表的倒轉，以及最高位的反轉。讓我們進一步深入探討吧。假設 $n$ 是大於等於 1 的整數，$G_n$ 是 p.178 中提到的位元型樣表。

- 設 $G_n^R$ 為：將 $G_n$ 倒轉後，得到的位元型樣表。
- 設 $G_n^-$ 為：將 $G_n$ 內所有位元型樣的最高位反轉後，得到的位元型樣表。

試證明此時

$$G_n^R = G_n^-$$

以 $G_3 = 000, 001, 011, 010, 110, 111, 101, 100$ 為例，$G_3^R = G_3^-$ 的位元型樣表如下。

$$G_3^R = (000, 001, 011, 010, 110, 111, 101, 100)^R$$
$$= 100, 101, 111, 110, 010, 011, 001, 000$$
$$G_3^- = (000, 001, 011, 010, 110, 111, 101, 100)^-$$
$$= 100, 101, 111, 110, 010, 011, 001, 000$$

## ■解答 4-3

**證明**

利用 $G_n$ 的遞迴式

$$\begin{cases} G_1 = 0,1 \\ G_{n+1} = 0G_n, 1G_n^R \qquad (n \geq 1) \end{cases}$$

進行證明。

①具體求出 $G_1^R$ 與 $G_1^-$。

$$\begin{aligned} G_1^R &= (0,1)^R \qquad \text{因為 } G_1 = 0,1 \quad \text{左右倒轉} \\ &= 1,0 \\ G_1^- &= (0,1)^- \qquad \text{因為 } G_1 = 0,1 \quad \text{將最高位元反轉} \\ &= \bar{0}, \bar{1} \\ &= 1,0 \qquad \text{因為 } \bar{0} = 1 \quad \bar{1} = 0 \end{aligned}$$

因此 $n = 1$ 時,

$$G_n^R = G_n^-$$

成立。

②由 $G_n$ 的遞迴式可以知道,$n \geq 1$ 時,

$$G_{n+1} = 0G_n, 1G_n^R$$

接著要由此計算出 $G_{n+1}^R$。

p.267

$$G_{n+1}^R = (0G_n, 1G_n^R)^R \qquad 因為\ G_{n+1} = 0\,G_n,\, 1\,G_n^R$$

$$= (1G_n^R)^R, (0G_n)^R \qquad 調換前半部與後半部，並各自倒轉$$

$$= 1(G_n^R)^R, 0G_n^R \qquad 因為最高位元皆相同$$

$$= 1G_n, 0G_n^R \qquad 倒轉兩次後變回原樣$$

$$= (\bar{1}G_n, \bar{0}G_n^R)^- \qquad 最高位元反轉兩次後會變回原數$$

$$= (0G_n, 1G_n^R)^- \qquad 因為\ \bar{1} = 0\ 及\ \bar{0} = 1$$

$$= G_{n+1}^- \qquad 因為\ 0\,G_n, 1\,G_n^R = G_{n+1}$$

亦即，$n \geqq 1$ 時，

$$G_{n+1}^R = G_{n+1}^-$$

故 $n \geqq 2$ 時，

$$G_n^R = G_n^-$$

成立。

　　由①與②可知，對於所有大於等於 1 的整數 $n$，

$$G_n^R = G_n^-$$

皆成立。

（證明結束）

# 第 5 章的解答

●問題 5-1（哈斯圖）

設有三個位元的全體位元型樣集合為 $B_3$。

$$B_3 = \{000, 001, 010, 011, 100, 101, 110, 111\}$$

當我們賦予集合 $B_3$ 以下①～④的順序關係，哈斯圖分別會是什麼樣子？試描繪出來。

①若位元型樣 $x$ 的 $n$ 個 0 轉變成 1 後可得到 $y$，則 $x \preceq y$（$n = 0, 1, 2, 3$）。

②若「$x$ 的 1 的個數」 $\leq$「$y$ 的 1 的個數」，則 $x \preceq y$。

③若以二進位法解釋位元型樣時為 $x \leq y$，則 $x \preceq y$。

④若以 2 的補數表示法（有符號數）解釋位元型樣時為 $x \leq y$，則 $x \preceq y$。

■解答 5-1

①若位元型樣 $x$ 的 $n$ 個 0 轉變成 1 後可得到 $y$，則 $x \preceq y$（$n = 0$, 1, 2, 3）。

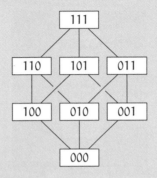

②若「$x$ 的 1 的個數」$\leqq$「$y$ 的 1 的個數」，則 $x \preceq y$。

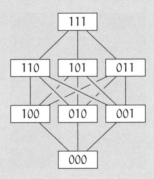

③若以二進位法解釋位元型樣時為$x \leqq y$，則$x \preceq y$。

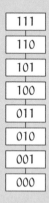

④若以 2 的補數表示法（有符號數）解釋位元型樣時為$x \leqq y$，
則$x \preceq y$。

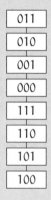

●問題 5-2（猜拳）

設猜拳手勢的集合為 $J$。

$$J = \{石頭、剪刀、布\}$$

若 $J$ 的元素 $x$ 與 $y$ 之間的關係為

$$y \text{ 勝過 } x，或是 x \text{ 與 } y \text{ 平手}$$

則可表示為

$$x \preceq y$$

譬如

$$剪刀 \preceq 石頭$$

那麼，$(J, \preceq)$ 是一個順序集合嗎？

■解答 5-2

$(J, \preceq)$ 不是一個順序集合。

$\preceq$ 在 $J$ 中需符合自反律、反對稱律、遞移律，才可稱之為順序關係。$(J, \preceq)$ 雖然滿足自反律與反對稱律，但不符合遞移律。比方說，

$$剪刀 \preceq 石頭 \text{ 且 } 石頭 \preceq 布$$

但剪刀 $\preceq$ 布。

●問題 5-3（位元型樣的順序關係）

正文中以位元單位的邏輯或、邏輯與為例，說明順序集合（$B_4, \preceq$）（參考 p.205）。試證明，當 $x$ 與 $y$ 為 $B_4$ 的元素時，以下式子成立。

$$x \mid y = y \quad \Longleftrightarrow \quad x \, \& \, y = x$$

■解答 5-3

證明

　　因為這是位元單位之間的演算，故只要這兩個元素中的對應位元都符合這個式子，這兩個元素就會符合這個式子。由以下的真值表可以看出，$x \mid y = y$ 與 $x \, \& \, y = x$ 的真偽一致，故可得知

$$x \mid y = y \quad \Longleftrightarrow \quad x \, \& \, y = x$$

| $x$ | $y$ | $x \mid y$ | $x \, \& \, y$ | $x \mid y = y$ | $x \, \& \, y = x$ |
|---|---|---|---|---|---|
| 0 | 0 | 0 | 0 | 真 | 真 |
| 0 | 1 | 1 | 0 | 真 | 真 |
| 1 | 0 | 1 | 0 | 偽 | 偽 |
| 1 | 1 | 1 | 1 | 真 | 真 |

（證明結束）

補充

- 考慮單一位元時，$x \mid y = y$ 與 $x \, \& \, y = x$ 皆「僅於 $x \leq y$ 時成立」（$\leq$ 為比較數字大小時用的不等號）。

●問題 5-4（笛摩根定律）

位元演算需遵守**笛摩根定律**如下。

$$\overline{x \,\&\, y} = \bar{x} \mid \bar{y}$$

$$\overline{x \mid y} = \bar{x} \,\&\, \bar{y}$$

集合代數也需遵守笛摩根定律如下。

$$\overline{x \cap y} = \bar{x} \cup \bar{y}$$

$$\overline{x \cup y} = \bar{x} \cap \bar{y}$$

對於 210 之全體因數之集合賦予順序關係 $\preceq$ 後，可得布爾代數。

$$x \preceq y \quad \Longleftrightarrow \quad \ulcorner x \text{ 為 } y \text{ 的因數} \lrcorner$$

布爾代數也會遵守笛摩根定律，那麼這裡的笛摩根定律該用什麼樣的式子來表現呢？

■解答 5-4

如下所示。

$$210 / \gcd(x, y) = \operatorname{lcm}(210/x, 210/y)$$

$$210 / \operatorname{lcm}(x, y) = \gcd(210/x, 210/y)$$

- $210 / x$ 為「210 除以 $x$」
  在這個布爾代數中代表「$x$ 的補元」。

- $\gcd(x, y)$ 為 $x$ 與 $y$ 的最大公因數[*2]，

  在這個布爾代數中代表「$x$ 與 $y$ 的交運算」。
- $\text{lcm}(x, y)$ 為 $x$ 與 $y$ 的最小公倍數[*3]，

  在這個布爾代數中代表「$x$ 與 $y$ 的並運算」。

　　另外，對於 210 之所有因數的集合，亦可賦予其對偶的順序關係。請參考「附錄：布爾代數範例與對應關係」（p.234）

---

[*2] 最大公因數（greatest common divisor）。

[*3] 最小公倍數（least common multiple）。

●問題 5-5（圖案的順序關係）

從時鐘盤面上 12 時處開始，等間隔標上記號，可得到六種圖案。設所有圖案的集合 $M$ 為

$$M = \{ \bigcirc, \bigcirc, \bigcirc, \bigcirc, \bigcirc, \bigcirc \}$$

若集合 $M$ 的元素 $x$ 與 $y$ 符合以下條件，

將 $y$ 疊在 $x$ 上方時，

$y$ 的記號可以完全蓋住 $x$。

便可以用

$$x \preceq y$$

來表示它們的關係。譬如說

$$\bigcirc \preceq \bigcirc \quad 成立。$$
$$\bigcirc \preceq \bigcirc \quad 不成立。$$

試描繪出順序集合（$M, \preceq$）的哈斯圖。

■解答 5-5

如下所示。

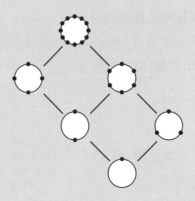

## 補充

這種圖案的順序關係，與「12 的所有因數之集合」內的下列順序關係同型。

$$x \preceq y \quad \Longleftrightarrow \quad \text{「}x \text{為} y \text{的因數」}$$

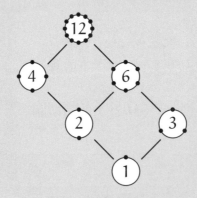

# 給想多思考一點的你

除了本書的數學雜談外，為了「想多思考一些」的讀者，我們特別準備了一些研究問題。書中不會寫出答案，且答案可能不只一個。

請試著獨自研究，或者找其他有興趣的夥伴，一起思考這些問題吧！

# 第1章 用手指表示位元

●研究問題 1–X1（只有 1 的記數法）

將 1, 2, 3, 4, … 分別表示如下。

$$1, \quad 11, \quad 111, \quad 1111, \quad \ldots$$

也就是說，以排成一列的 $n$ 個 1 來表記 $n$ 這個數。

$$\underbrace{111\cdots1}_{n}$$

請自由思考這種方法的方便之處與不便之處。

●研究問題 1−X2（以手勢來表示數）

請詳細觀察你會用哪種手勢來表示各個數。在以下的例
子中，「4 與 6」、「3 與 7」、「2 與 8」、「1 與 9」
的表示方式相同。那麼你表示數字用的手勢又是如何呢？

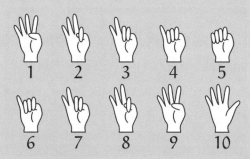

以手勢表示 1 到 10 的例子

●研究問題 1−X3（找出規則）

在第 1 章中我們提到，用二進位法寫出數字時，比較容
易找出規則（p.30）。你又是怎麼想的呢？在哪些例子
中，以二進位法表示時，比十進位法更容易找出規則呢？
相對的，在哪些例子中，用十進位法表示時，比二進位
法更容易找出規則呢？請試著自由思考看看。

●研究問題 1-X4（讀不到的數字）

假設在一些二進位的五位數中，有幾個數字讀不出來。
設讀不出來的數字為 *，可將這些數字寫成

*11*0

之類的形式。那麼，我們可以從這種數字中讀到什麼訊
息呢？請試著思考看看，以下數字分別透漏了什麼訊息。

****1
***00
1****
00***
001**
**1**

●研究問題 1-X5（小數）

第 1 章中，我們曾用二進位法來表示 0, 1, 2, 3, … 等大於
等於 0 的整數。
那麼，0.5 該如何用二進位法來表示呢？
我們又該如何用二進位法來表記其他小數呢？

●研究問題 1−X6（設計數字）

匆忙之中寫出來的數字常會讓人看不懂。譬如下面這個
數，就不曉得是在表示 100 還是 766。

$$766$$

另外，將 6 倒過來時會和 9 搞混，反之亦然。譬如說，
你覺得下面這張卡片寫的是 166 還是 991 呢？

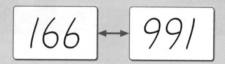

請試著自由設計出就算寫得很潦草，或者是上下擺顛倒
時也不易看錯的數字。

## 第 2 章　變幻的 pixel

●研究問題 2-X1（製作濾波器）

第 2 章中出現了許多可以改變圖像的濾波器。你知道要
如何製作出可以讓圖像產生如下變換的濾波器嗎？

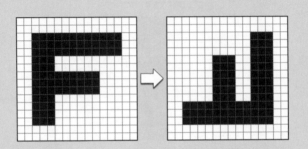

●研究問題 2-X2（位元演算與數值演算）

第 2 章中曾利用位元演算（≫, ≪, |）製作出濾波器
SWAP（p.73）。那麼，你能試著用以下數值演算（×,
div, ＋），重新製作一個濾波器 SWAP 嗎？

●研究問題 2−X3（濾波器 REVERSE-LOOP）

以下濾波器 REVERSE-LOOP 與第 2 章中出現之濾波器
REVERSE（p.79）的作用相同。請你確認他們真的能夠
執行相同作用。

```
1:    program REVERSE-LOOP
2:        k ← 0
3:        while k < 16 do
4:            x ← 〈接收訊息〉
5:            y ← 0
6:            j ← 0
7:            while j < 8 do
8:                M_R ← 1 ≪ j
9:                M_L ← 1 ≪ (15 − j)
10:               S ← 15 − 2j
11:               y ← y | ((x ≫ S) & M_R)
12:               y ← y | ((x ≪ S) & M_L)
13:               j ← j + 1
14:           end-while
15:           〈送出 y〉
16:           k ← k + 1
17:       end-while
18:   end-program
```

●研究問題 2-X4（賦予顏色）

第 2 章中，我們提到了只由黑白色塊組成的圖像（黑白圖像）。如果要印出有顏色圖像（彩色圖像），該怎麼做呢？請自由思考看看。另外，電視、電腦的畫面、照片、印刷物等要如何呈現出彩色圖像呢？人的眼睛又是如何辨認色彩的呢？請找找看相關資料。

●研究問題 2-X5（增加位元寬度）

第 2 章中，我們使用了有十六個感光器的掃描器，以及有十六個印刷單元的印表機。若增加感光器與印刷單元的個數，那麼應該要如何修改程式才行呢？REVERSE（p.79）、REVERSE-LOOP（p.283）、REVERSE-TRICK（p.80）皆為十六位元版的程式。請試著製作出三十二位元版、六十四位元版、一百二十八位元版的程式。

●研究問題 2-X6（增加維度）

第 2 章中用的是將十六個受光器或印刷單元排列在一維「線」上的機械，藉由重複同樣的動作，產生二維「面」的圖像。若使用的是擁有 16 × 16 個受光器或印刷單元，一次可產生一個二維「面」的機械來印刷圖像，程式碼又該怎麼寫呢？另外 3D 掃描器與 3D 印表機又是怎麼處理三維「立體」的呢？請試著查詢相關資料。

●研究問題 2-X7（製作模擬器）

第二章中出現了各式各樣的濾波器，請試著用你常用的程式語言寫出有相同作用的濾波器。就算沒有實際印出圖像，而是在螢幕上顯示出□與■的程式（模擬器）也可以。第 2 章中我們僅處理 16 × 16 的小型圖像，請試著用這些程式來處理更大的圖像。

●研究問題 2-X8（濾波器之間的關係）

當濾波器 $F_1$ 與 $F_2$ 相同（輸入相同時，輸出也相同），可用以下等式表示。

$$F_1 = F_2$$

如果濾波器 $F_1$ 的輸出可做為 $F_2$ 的輸入，形成一個新的合成濾波器，則可用以下式子表示。

$$F_1 \blacktriangleright F_2$$

於是我們可以知道，以下「濾波器等式」皆成立（關於 IDENTITY，請參考 p.251）。

$$\text{RIGHT} \blacktriangleright \text{RIGHT} = \text{RIGHT2}$$
$$\text{RIGHT} \blacktriangleright \text{IDENTITY} = \text{RIGHT}$$

還有哪些「濾波器等式」會成立呢？譬如說，以下「濾波器等式」會成立嗎？

$$\text{SWAP} \blacktriangleright \text{SWAP} \stackrel{?}{=} \text{IDENTITY}$$
$$\text{REVERSE} \blacktriangleright \text{REVERSE} \stackrel{?}{=} \text{IDENTITY}$$
$$\text{RIGHT} \blacktriangleright \text{LEFT} \stackrel{?}{=} \text{IDENTITY}$$
$$\text{RIGHT} \blacktriangleright \text{REVERSE} \stackrel{?}{=} \text{LEFT}$$
$$\text{RIGHT} \blacktriangleright \text{LEFT} \stackrel{?}{=} \text{LEFT} \blacktriangleright \text{RIGHT}$$
$$\text{X-RIM} \blacktriangleright \text{X-RIM} \stackrel{?}{=} \text{X-RIM}$$

## 補充

設所有 $16 \times 16 = 256$ 位元之位元型樣的集合為 $B_{256}$，那麼第 2 章中出現之僅有單一輸入的濾波器，便可視為從 $B_{256}$ 到 $B_{256}$ 的函數。另外，▶可視為兩個函數的合成。

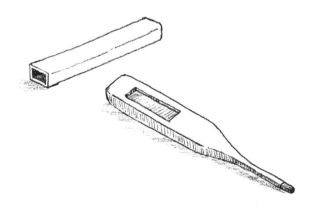

# 第 3 章　取補數的技巧

●研究問題 3-X1（謎之算式，續）

第 3 章中，我們一起思考了這個寫有「位元單位的邏輯與 &」的謎之算式（p.125）。

$$n \mathbin{\&} -n$$

請你試著自由思考以下這兩個式子。

$$n \oplus -n \quad 及 \quad n \mathbin{|} -n$$

位元單位的邏輯互斥或 $\oplus$ 請參考 p.67，位元單位的邏輯與 | 請參考 p.73。

●研究問題 3−X2（反轉所有位元再加 1）

如果由梨說了這樣的話。

由梨：「吶吶，如果可以用

『反轉所有位元再加 1』

的方式將 $n$ 轉變成 $-n$，那麼我們想把 $-n$ 轉變成 $n$ 時，不是應該要

『減去 1 再反轉所有位元』

才對嗎？」

如果是你，會如何回答呢？

●研究問題 3−X3（有無限個位元的位元型樣）

第 3 章中提到了有無限個位元的位元型樣。如果用有無限個位元的位元型樣來表示 $-1$，會是什麼樣子呢？在一般化情形下，要如何用有無限個位元的位元型樣來表示負數呢？

●研究問題 3-X4（2^m·奇數）

第 3 章中，用以下式子來表示大於等於 1 的整數 n（p. 134）。

$$n = 2^m \cdot \text{奇數}$$

若我們用 $f(n)$ 來表示式中「奇數」的部分，那麼數列 $f(1)$, $f(2)$, $f(3)$, …是否有什麼有趣的性質呢？請自由思考看看。

| n | 1 | 2 | 3 | 4 | 5 | 6 | 7 | 8 | 9 | 10 | 11 | 12 | 13 | 14 | 15 | ⋯ |
|---|---|---|---|---|---|---|---|---|---|----|----|----|----|----|----|---|
| f(n) | 1 | 1 | 3 | 1 | 5 | 3 | 7 | 1 | 9 | 5 | 11 | 3 | 13 | 7 | 15 | ⋯ |

## ●研究問題 3−X5（1 的補數表示法）

第 3 章中，「我」思考了「符號位元的反轉」與「符號的反轉」之間的關係（p.110）。1 的補數表示法中，「符號位元的反轉」與「符號的反轉」是同一件事。請自由研究看看 1 的補數表示法的相關計算。以下列出了四位元數字的對應表。

| 位元型樣 | 無符號數 | 有符號數 2 的補數表示法 | 1 的補數表示法 |
|---|---|---|---|
| 0000 | 0 | 0 | 0 |
| 0001 | 1 | 1 | 1 |
| 0010 | 2 | 2 | 2 |
| 0011 | 3 | 3 | 3 |
| 0100 | 4 | 4 | 4 |
| 0101 | 5 | 5 | 5 |
| 0110 | 6 | 6 | 6 |
| 0111 | 7 | 7 | 7 |
| 1000 | 8 | −8 | −0 |
| 1001 | 9 | −7 | −1 |
| 1010 | 10 | −6 | −2 |
| 1011 | 11 | −5 | −3 |
| 1100 | 12 | −4 | −4 |
| 1101 | 13 | −3 | −5 |
| 1110 | 14 | −2 | −6 |
| 1111 | 15 | −1 | −7 |

●研究問題 3-X6（位元反轉的相似物）

設 $b$ 為二進位法的一位數（一個位元），那麼位元反轉後得到的 $\bar{b}$ 可寫為

$$\bar{b} = 1 - b$$

上式可改寫為

$$\bar{b} = (2 - 1) - b$$

我們可以用類似方法，創造出位元反轉的相似物。設 $d$ 是十進位法的一位數（一個 digit），那麼 digit 反轉後得到的 $\bar{d}$ 可定義為

$$\bar{d} = (10 - 1) - d$$

這種 digit 反轉有沒有什麼有趣的性質呢？請自由思考看看。

## 補充

Digit 反轉為僅限於本書的用語。一般化的用語如下。

- 對於 $b$ 而言，$\bar{b}$ 是 b 的「1 的補數」（位元反轉）。
- 對於 $d$ 而言，$\bar{d}$ 是 d 的「9 的補數」。

●研究問題 3–X7（要是沒有證明，就只是猜想）

第 3 章中，由梨與「我」提到「要是沒有證明，就只是猜想」。要是只確認了一個例子，並不能算是證明（p. 138）。以下讓我們來證明看看吧！

試證明，對於整數 $n$，以下等式成立。

$$n \mathbin{\&} -n = \begin{cases} 0 & n = 0 \text{ 時} \\ 2^m & n \ne 0 \text{ 時} \end{cases}$$

這裡的 $m$ 為滿足下列等式之大於等於 0 的整數。

$$n = 2^m \cdot \text{奇數}$$

提示：第 3 章中，「我」用有無限個位元的位元型樣來說明這個概念，但這裡請用「足以表示整數 $n$ 與 $-n$」之有限位元的位元型樣來證明。

## 第 4 章　Flip trip

●研究問題 4−X1（格雷碼）
4 位元的格雷碼總共有幾種呢？

●研究問題 4−X2（直尺函數的推廣）
第 4 章中出現的直尺函數 $\rho(n)$ 中，定義了 $n$ 為正整數，也就是 $n = 1, 2, 3, \cdots$ 時的 $\rho(n)$。若希望能在保持一貫性的情況下定義

$$\rho(0)$$

該怎麼定義才好呢？請自由思考看看。

●研究問題 4−X3（另一個版本的直尺函數）
第 4 章中提到的直尺函數 $\rho(n)$ 與二進位法有很密切的關係（p.170）。請自由想想看直尺函數的十進位版本會是什麼樣子。

●研究問題 4−X4（河內塔）

讓我想想看河內塔與一種格雷碼 $G_n$ 之間的關係。

p.177 中曾用遞迴式的形式，以 $G_n$ 來表示 $G_{n+1}$。

同樣的，請用遞迴式的形式寫出河內塔的解法，也就是用「有 $n$ 枚圓盤之河內塔的解法」來建構出「有 $n+1$ 枚圓盤之河內塔的解法」。

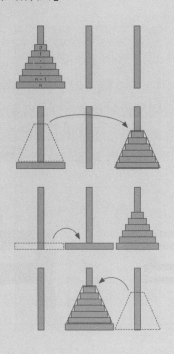

## 第 5 章　布爾代數

●研究問題 5-X1（布爾代數）

請以僅有兩個元素的集合 $\{\alpha, \beta\}$ 來建構布爾代數。

●研究問題 5-X2（Pixel 與布爾代數）

一組由 $16 \times 16 = 256$ 個黑白 pixel 所構成的圖像稱做一個 sheet。將白與黑分別視為位元型樣的 0 與 1，讓我們以所有 sheet 樣式的集合建構出布爾代數。此時，該如何用 pixel 來表示上界、最大元、補元等概念呢？請試著思考看看。

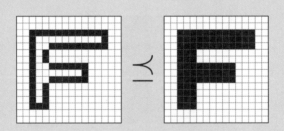

我們可以用所有 sheet 樣式的集合建構出另一種布爾代數嗎？我們可以利用「往右平移」來定義順序關係嗎？請自由思考看看。

# 後記

您好，我是結城浩。

感謝您閱讀《數學女孩秘密筆記：位元與二元》。

本書以十進位法及二進位法為中心，介紹了各種進位記數法、位元型樣、pixel、各種位元演算、2 的補數表示法、格雷碼、ρ函數、順序集合、布爾代數等主題，將它們集結為一冊。不曉得您有沒有和她們一起體會到「0 與 1 的排列」的樂趣了呢？

「位元（bit）」是二進位法中的一個位數，「二元（binary）」則泛指所有使用兩種模式來表示資訊的事物。譬如說，二進位法就叫做 binary number system。在電腦與程式設計領域中，到處都可以看得到位元與二元的存在。

本書是將ケイクス（cakes）網站上，「數學女孩秘密筆記」第 101 回至第 110 回的連載重新編輯後的作品。如果您讀過本書後，想知道更多「數學女孩秘密筆記」的內容，請您一定要來這個網站看看。

「數學女孩秘密筆記」系列中，以平易近人的數學為題材，描述國中生的由梨、高中生的蒂蒂、米爾迦、麗莎、以及「我」，盡情談論數學的故事。

　　這些角色亦活躍於另一個系列作——《數學女孩》。這系列的作品是以更廣更深的數學最為題材寫成的青春校園物語，也推薦您拿起這系列的書讀讀看！

　　《數學女孩》與《數學女孩秘密筆記》，兩部系列作品都請您多多支持喔！

　　本書使用 LATEX2ε 及 Euler 字型（AMS Euler）排版。排版過程中參考了奧村晴彥老師所寫的《LATEX2ε 美文書作成入門》，書中的作圖則使用了 OmniGraffle Pro、TikZ、TEX2img、Fusion 360、Pixelmator Pro 等軟體完成。在此表示感謝。

　　感謝下列名單中的各位，以及許多不願具名的人們，在寫作本書時幫忙檢查原稿，並提供了寶貴意見。當然，本書內容若有錯誤皆為筆者之疏失，並非他們的責任。

（敬稱省略）

安福智明、安部哲哉、井川悠佑、石井遙、
石宇哲也、稻葉一浩、上原隆平、植松彌公、
大久保快爽、大津悠空、岡內孝介、木村巖、
郡茉友子、高橋健治、Toarukemisuto、
中吉實優、西尾雄貴、藤田博司、古屋映實、
梵天寬鬆（medaka-college）、前原正英、
增田菜美、松森至宏、三河史彌、村井建、
森木達也、山田泰樹、米內貴志、龍盛博
渡邊佳。

感謝一直以來負責《數學女孩秘密筆記》與《數學女孩》兩個系列之編輯工作的 SB Creative 野澤喜美男編輯長。

感謝 cakes 的加藤真顯先生。

感謝所有在寫作本書時支持我的人們。

感謝我最愛的妻子和兩個兒子。

感謝您閱讀本書到最後。

那麼，我們就在下一本《數學女孩秘密筆記》中見面吧！

結城浩

http://www.hyuki.com/girl/

# 索引

Note

Note

國家圖書館出版品預行編目（CIP）資料

數學女孩秘密筆記：位元與二元／結城浩作；陳
朕疆譯. -- 初版. -- 新北市：世茂, 2021.1
　　面；　公分. --（數學館；36）
　　ISBN 978-986-5408-39-8（平裝）

1.數學　2.通俗作品

310　　　　　　　　　　　　　109016196

數學館 36

# 數學女孩秘密筆記：位元與二元

作　　　者／結城浩
審 訂 者／洪萬生
譯　　　者／陳朕疆
主　　　編／楊鈺儀
責任編輯／陳怡君
封面設計／LEE
出 版 者／世茂出版有限公司
地　　　址／（231）新北市新店區民生路 19 號 5 樓
電　　　話／（02）2218-3277
傳　　　真／（02）2218-3239（訂書專線）單次郵購總金額未滿 500 元（含），請加 60 元掛號費
劃撥帳號／19911841
戶　　　名／世茂出版有限公司
世茂網站／www.coolbooks.com.tw
排版製版／辰皓國際出版製作有限公司
印　　　刷／世和彩色印刷股份有限公司
初版一刷／2021 年 1 月

I S B N ／978-986-5408-39-8
定　　　價／380 元

SUGAKU GIRL NO HIMITSU NOTE: BIT TO BINARY
Copyright © 2019 Hiroshi Yuki
Original Japanese edition published in 2019 by SB Creative Corp.
Chinese translation rights in complex characters arranged with SB Creative Corp., Tokyo
through Japan UNI Agency, Inc., Tokyo and Future View Technology Ltd., Taipei

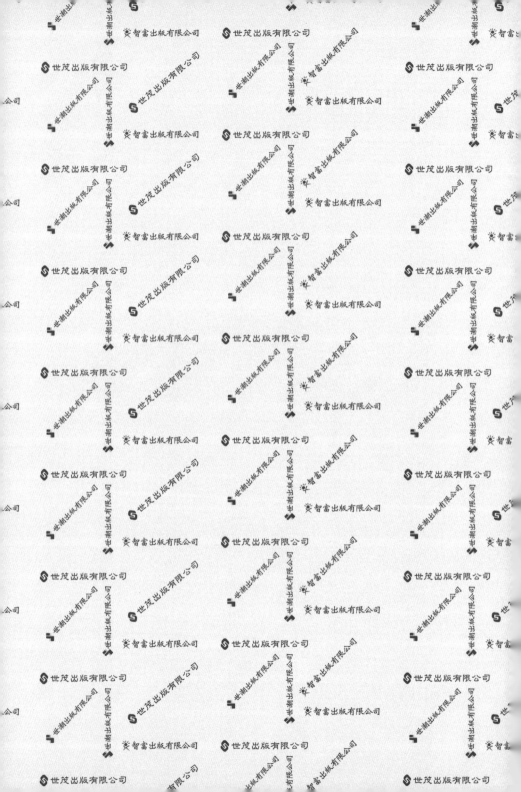

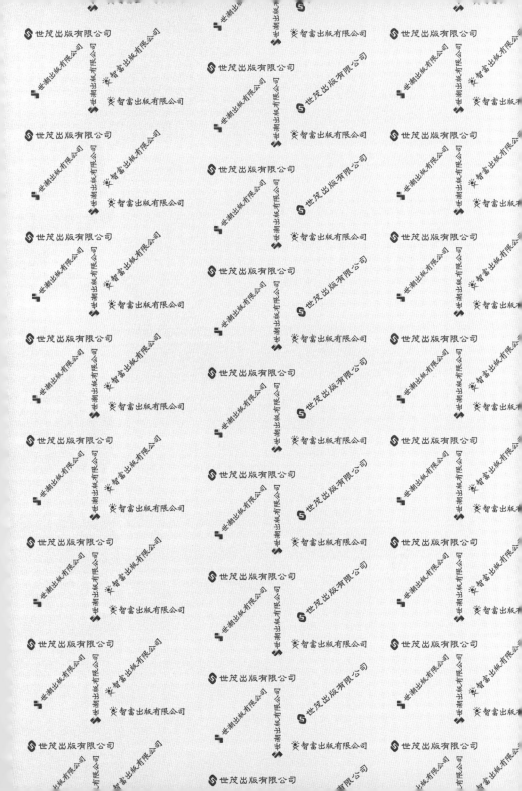